"十三五"国家重点研发计划项目
"工业化建筑设计关键技术（2016YFC07015）"资助

走向新营造

——工业化建筑系统设计理论及方法

樊则森　著

中国建筑工业出版社

图书在版编目（CIP）数据

走向新营造：工业化建筑系统设计理论及方法 / 樊
则森著.—北京：中国建筑工业出版社，2021.3
ISBN 978-7-112-25956-4

Ⅰ.① 走… Ⅱ.① 樊… Ⅲ.① 工业建筑–建筑设计–
研究 Ⅳ.① TU27

中国版本图书馆CIP数据核字（2021）第039338号

本书通过对建筑学面临问题的分析，提出向制造业学习，用工业化
的建筑技术营造完整的建筑产品。进一步分析了工业化建筑发展过程中
的若干问题，提出以系统科学为指导，将工业化建筑作为一个复杂的系
统加以研究，整合设计和建造全过程，以建造过程及建造结果为目标，
论证了工业化建筑结构、围护、机电、内装四大系统及其若干子系统的
整体架构，提出融合设计、生产、装配、管理及控制等要素手段，形成
了以总体最优为目标的工业化建筑系统工程理论与方法。

责任编辑：朱晓瑜
版式设计：锋尚设计
责任校对：赵　菲

走向新营造——工业化建筑系统设计理论及方法
樊则森　著
*
中国建筑工业出版社出版、发行（北京海淀三里河路9号）
各地新华书店、建筑书店经销
北京锋尚制版有限公司制版
天津图文方嘉印刷有限公司印刷
*
开本：787毫米×1092毫米　1/16　印张：12　字数：171千字
2021年4月第一版　　2021年4月第一次印刷
定价：96.00元
ISBN 978-7-112-25956-4
（37156）

序言

进入新时代，新一轮科技革命和产业变革风起云涌，极大地促进了建筑业的新思维、新技术和新业态的不断涌现。樊则森建筑师站在新时代发展的风口浪尖上，根据自己十几年在建筑工业化发展道路上的孜孜追求和不断实践，经过所想所感的思考升华，把握当前建筑业转型升级和高质量发展的新要求，针对建筑学的理论方法如何适应新时代发展要求，以"走向新营造"为命题，提出了工业化建筑系统性集成建造的理论和设计方法，具有较强的思想性和创新性，这对于当前我国新型建筑工业化发展、建造方式变革无疑具有重要指导意义。

纵观全书，可以体会到具有以下鲜明特点，一是展现出作者开阔的研究视角和扎实的实践基础。这与他几十年一直在建筑设计行业从事各类建筑，尤其是工业化建筑的设计研发以及工程实践等丰富的职业经历与专业阅历有关，使其研究的问题具有前瞻性，能够把握问题的本质，更能系统地思考与构架，也更能兼顾到建筑设计如何贯穿工程建设的全过程、全系统、全要素。二是体现了较强的学术创新精神。作者提出"新营造"的系统理论，具有较强的独创性，不仅为建造方式变革的理论探讨提供了新思路，而且对于建筑业的创新发展也是一种启迪和促进。三是把握了新时代发展的脉搏。在国家大力发展新型建筑工业化、智能建造的新阶段，作者在中建科技集团有限公司主管规划设计和智能建造研究工作，带领团队从理论到实践、不断学习探索、勇于创新，运用"新营造"的思维方法，突破蓝图思维，创立产品思维。在深圳市保障性住房、中小学校以及若干公共建筑的工程项目中都得到充分发挥，一些新理念、新技术和新方法已经得到了业界的广泛认同，并取得了卓有成效的业绩。

书中自始至终洋溢着作者对新型建筑工业化的热忱和追求。体现了他作为一名建筑师心存高远、意守平常，在建筑学方面不仅有着系统前瞻的思维，求真务实、追求卓越的精神，更保持着一颗筑梦之心。步入新阶段，新的梦想才刚刚起航，新型建筑工业化正处在发展的起步阶段，未来建筑业的改革之路、变革梦想还需要我们继续砥砺前行，为之奋斗。我在为本书出版作序之时，希望"新营造"的理想能够早日成为现实，也希冀更多有识之士能投入建筑产业现代化的发展进程中来，积极贡献我们的智慧和力量。也相信本书的出版发行，一定会为我国建造方式变革及建筑业改革发展起到积极的引导和促进作用。

中国建筑学会建筑产业现代化发展委员会秘书长，
教授级高级工程师　叶明
2021年1月20日

自序

最初萌发写这本书的想法，是源于2016年4月，代表中国建筑股份有限公司（简称"中国建筑"）牵头"十三五"国家重点研发计划项目"工业化建筑设计关键技术（2016YFC07015）"，在项目申报阶段结合自己过去十几年深度参与工业化建筑设计、研发及建造实践，不断凝练升华的所观、所感、所思、所悟，率先将工业化建筑设计相关研究纳入系统工程理论框架，形成建筑系统架构图，提炼了工业化建筑系统集成设计理论。试图解决过去建筑工业化发展过程中存在的两个关键问题：一是设计不考虑或少考虑成本控制、生产需求、施工要求，难以提高工效、减少人工、降低成本的问题；二是只研究结构，不研究围护、机电、内装，无法整体实现集成装配，提升品质的问题。为此，我们提出了以关键技术为基础，以系统集成为目标，以集成设计为方法的工业化建筑设计系统工程理论研究框架，并因此得到评审专家团队的认可，成功赢取了本重点研发计划项目的研究任务。

迄今研发工作基本完成，回顾过往，我们一边结合中国建筑旗下中建科技的建筑工业化实践开展设计关键技术的研究，一边不停地用上述理论检视每一个课题、每一个示范工程的进程，来回探寻、验证、求解，并结合实践不断丰富和完善上述理论、方法及系统。历时5年出版付梓，如家中有女初长成，穿戴整齐，不施粉黛，带她出来见见各位老友新朋。

本书共分五个部分。前两章用来提出问题，第1章"困惑中的建筑学"，用建筑学之七问，站在当前大变局的新时代背景下，回顾过去百年建筑学科的发展，在看到成绩的同时，结合整个建筑学的发展历史，再检索，再审视，再比照，针对"百年未有变化的建造方式"提出"将先进的科学技术融入建造需求，以科技革命引领建筑业生产方式的变革"的解决方向；针对"定制化的建筑艺术缺少产业支撑"等短板，提出"对标制造业，用艺术化的建筑产品来支撑建筑产业发展"的发展道路；第2章"探索中的建筑工业化"，用"六问"揭示了建筑工业化发展过程中若干典型问题，并指出"新营造"的本质内涵是要站在建造角度来看设计，要以系统设计牵引建造优质、高效、易建、好用的建筑产品。第3章用来分析问题并提出本书的基本观点。将系统科学和系统工程理论与工业化建筑实践相结合，提出了工业化建筑系统工程理论和设计方法，并首次将工业化建筑系统分为了结构、围护、机电设备和装饰装修四大系统，形成了工业化建筑系统框架。第4章用来解决问题。通过体系化的工业化建筑系统建构，分析各大系统特征、要素及关联关系，将前述理论变成结构清晰、逻辑严密，便于对应且注重关联关系的建构体系和设计方法论，让广大设计人员可以比较方便地找到自己负责的专业，并自动与相关专业及过程中的制造环节、施工环节等形成协同和交互的关联，真正实现设计对营造全过程的引领。第5章用五个案例进一步示范了第4章的内容。

感恩深圳先行示范的沃土，让本书中的五个案例都能落成，能让我们将科技成果写在大地上，并给了中建科技实现跨越式发展的机会和条件。感谢孟建民院士及您的团队，我们一起合作了长圳公共住房及其附属工程项目案例和双面叠合剪力墙结构住宅体系案例，并得到了周绪红、周福霖、欧进萍、肖绪文、丁烈云、江亿六位院士及各位院士研究团队的支持和帮助；感谢聂建国院士及您的团队，我们在长圳项目及钢和混凝土组合结构装配式学校建筑体系案例中，都得到您无私的传授和精心的教诲；感谢叶浩文先生和张仲华总经理，在共事的五年中，在两位领导的带领下，创新并践行了设计施工一体化的科技"新营造"；感谢柴裴义大师在我从业26年来的长期教导并指导了钢结构装配式会展酒店建筑综合体案例的设计；

感谢毛志兵先生，您的"新型建造方式"思想引领并指明了我前行之路；感谢叶明先生帮我写的序言以及十几年来思想火花迸发，不停点亮领航灯塔；感谢岑岩先生，《新营造》的开办、睿智的思想和激情四射的梦想，一路同行离不开您；感谢孙占琦先生，五年来共事创业，我建筑，您结构，将越来越多的工程案例落在大地之上，离不开您的智慧、辛劳、激情和奉献；感谢李文、徐牧野、廖敏清、靳成、张玥、郑文国、龚莹、蒲华勇、刘雅芹、肖子捷、徐振宇、王洪欣、方园、芦静夫、苏颖、王宁、李晓丽、王春、李新伟、王超、李丹、王惜春、张恒博、徐溪、刘乃菁等同事，本书中的成果和附图离不开你们的付出和辛劳；感谢BIAD邵韦平工作室和傅兴摄影师提供的凤凰中心和丽泽中心的照片。最后要感谢我的妻子张玥，一个喜欢"画图"的建筑师，数字设计在你手中正在真正做到"三全"，你以个人的牺牲，在家庭、事业和生活中担起的岂止是"半边天"。让我这个"空中飞人"还能有精力写作、思考，能全力投入建筑科技事业的发展。本书为你而作，没有辛勤劳织的你，哪有不缀笔耕的我！

中建科技集团有限公司副总经理、总建筑师，
教授级高级工程师　樊则森
2021年1月21日于深圳香蜜山

目录

工业化建筑系统设计与建造 / 33

案例分析 / 65

1

困惑中的建筑学

1.1 落在时代的后面

建筑学是一个古老的学科，它涵盖艺术与科学，天生就带有跨界、融合、创新的基因。古罗马著名的建筑理论家维特鲁威在《建筑十书》中指出，建筑师要具备多学科的知识和多种技艺，而且要手艺和理论相结合。同时，描述了建筑师将测绘、设计、建造和机械制作等专业技艺融为一体的职业素养要求（图1-1-1）。

梁思成先生在《中国古代建筑史》中写道："建筑在我国素称匠学，非士大夫之事。盖建筑之术，已臻繁复，非受实际训练，毕生役其事者，无能为力。"中国古代木构建筑的建造技术，利用了木材各向异性的力学特点，发挥顺纹抗拉、抗压强度高的特点，建立了类似于模数制"材分八等"的构件标准化设计体系（图1-1-2），将木材在作坊加工，定型化批量生产，通过具有减震功能的"榫卯"现场装配施工，实现了高效、高精度、具有一定抗震性能的快速建造。通过一代代建筑工匠的优化、完善和技术迭代，实现了建造方式与材料、结构、形式的统一（图1-1-3），体现了中国古代"匠人"的专业性及其知识体系的广泛性。

在文艺复兴时期，以达·芬奇等为代表的具有综合、跨界特征的典型人物，通晓绘画、雕塑、建筑、机械；学贯数学、生物、物理、天文、地理、历史、人文、科学技术。以学科融合为特征，推动了建筑文化的复兴和建造技术的进步，达到历史上艺术与科学相结合的新高度！成就了文艺复兴建筑的历史辉煌（图1-1-4）。

现代建筑运动，以勒·柯布西耶、格罗皮乌斯和密斯为代表的先行者，利用工业革命以来产生的新技术、新材料、新工艺、新设备，执现代建筑运动之牛耳，喊出了"形式追随功能""住宅是居住的机器""少就是多"的建筑经典！设计建造了以包豪斯学校、马赛公寓、西格拉姆大厦等划时代的建筑作品，书写了以新科技为引

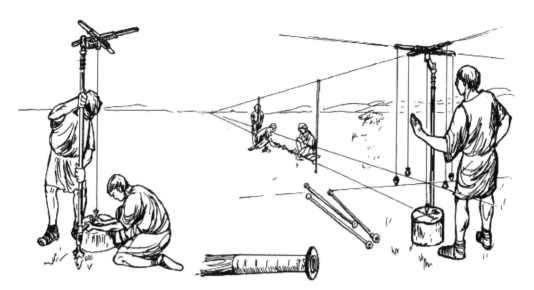

图1-1-1 《建筑十书》中关于测绘的图示

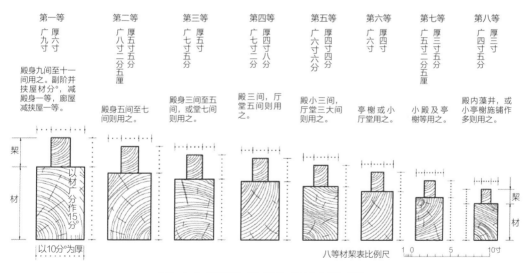

第一等	第二等	第三等	第四等	第五等	第六等	第七等	第八等
广九寸 厚六寸	厚五寸五分 广八寸二分五厘	广七寸五分 厚五寸	广七寸二分 厚四寸八分	广六寸六分 厚四寸四分	广六寸 厚四寸	广五寸二分五厘 厚三寸五分	广四寸五分 厚三寸
殿身九间至十一间用之。副阶并挟屋材分°，减殿身一等，廊屋减挟屋一等。	殿身五间至七间则用之。	殿身三间至五间，或堂七间则用之。	殿三间，厅堂五间则用之。	殿小三间，厅堂三大间则用之。	亭榭或小厅堂用之。	小殿及亭榭等用之。	殿内藻井，或小亭榭施铺作多则用之。

八等材栔表比例尺

图1-1-2 《营造法式》附图："材分八等"示意

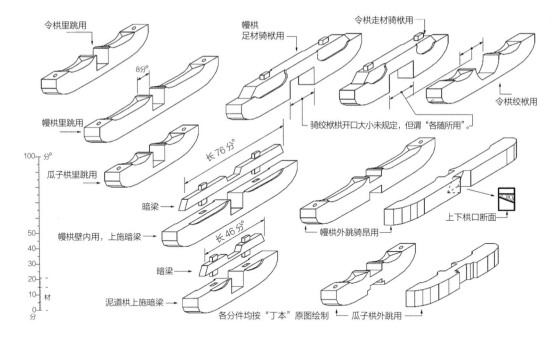

令栱里跳用

8分°

幔栱里跳用

瓜子栱里跳用

暗梁

幔栱壁内用，上施暗梁

暗梁

泥道栱上施暗梁

各分件均按"丁本"原图绘制

幔栱
足材骑栿用

令栱走材骑栿用

令栱绞栿用

骑绞栿栱开口大小未规定，但谓"各随所用"。

长76分°

长46分°

幔栱外跳骑昂用

上下栱口断面

瓜子栱外跳用

100 分°

50
40
30
20
10 材

0
分

图1-1-3 《营造法式》
附图：作坊加工、批量
制作、榫卯连接的斗栱

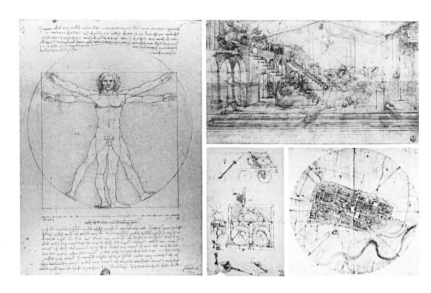

图1-1-4 达·芬奇关
于模度、建筑、城市、
机械的构想图

领，"走向新建筑"的百年现代建筑演进史。到今天，经过几代现代建筑传人的共同努力，逐步形成了"新学院派"的现代建筑教条和范式，并固化成经典现代建筑理论学说。

现代建筑运动100年来，设计技术已经实现了从人手到电脑的跨越，能够设计出越来越复杂，越来越高、大、难、尖的建筑。新建筑的功能越来越齐全、系统越来越复杂、空间造型越来越炫酷，建筑设计技术及支撑建筑功能和使用的技术取得了巨大的进步，但是建造这些房屋的技术一直停滞不前，自20世纪初开始，现代建筑运动之初，人类社会最先进的建造技术莫过于美国人采用塔式起重机+手工作业的方式来建造钢结构的摩天楼。100年后，大量的建造活动还是离不开几乎没有什么变化的塔式起重机+人工作业的方式（图1-1-5）。

建造技术的进步远远落后于科技变革的速度，再加上设计、建造和使用若干关键环节的脱节，相对于几次科学技术革命的巨大进步，建筑学的前行显得非常缓慢。"产生于第二次世界大战以来的技术系统的突然注入和飞快的进步，远远超过了设计兼容性的进步和对建筑师的继续教育。因而，革命性的变化从未成为主流的建筑思维模式，建筑师所做的创造性挑战通常局限在了风格、形式和文脉中。"（《整合建筑——建筑学的系统要素》，[美]伦纳德 R.贝奇曼）建筑学，尤其是建筑的营造，远远地落在了时代的后面。

1.2 经典还是教条？

古典建筑学是文艺复兴的伟大成果。在文艺复兴时期，以米开朗基罗、达·芬奇等科学艺术巨匠为代表，形成了朴素的建筑系统工程思想，融合了当时最先进的科技成果，突破了漫长的中世纪带给建筑的精神桎梏，给建筑界带来了新思想、新技术、新时尚，取得了以佛罗伦萨大教堂、圣彼得大教堂、佛罗伦萨美第奇官邸、凡尔赛宫等代表性建筑的辉煌成就，并逐步形成了文艺复兴时期的建

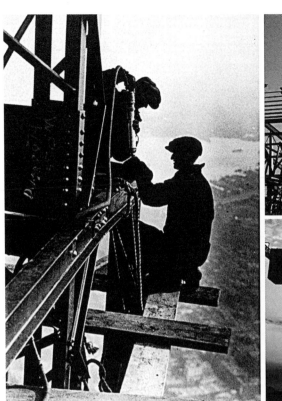

图1-1-5 百年未变
的建造方式

筑理论和不同风格流派。经过四百多年，演变成了以巴黎美术学院为代表的学院派建筑势力，但他们无视工业革命带来的巨大变革，无视新技术、新材料、新功能带来的新生活，坚持"旧瓶装新酒"，拒绝呼应社会变革、技术变革带来的建造理念、建造方式和建筑形式的变革，最后只能被历史的车轮无情地碾压。

现代建筑运动到今天已近百年，如果现代建筑师脱离了技术理性和人文艺术间的融合创新，将经典奉为教条，照抄照搬其所谓经典构图，附会其语义，虚化其技术，盲从其标准条目，将经典机械地套用，那么将使自己变成新的"现代建筑学院派"教条主义的卫道者！在科技与产业革命的新时代背景下，现代主义建筑学再一次来到历史的十字路口，如果不参与变革，做出改变，也避免不了被淘汰的命运。

1.3 艺术还是科学？

经典现代建筑理论伴随着中国改革开放，跟随着国际建筑师事务所的业务，被前所未有地引进到中国，推动了中国的快速城市化进程。一方面，极大地促进了中国城市建设的现代化，让中国建筑融入了全球一体化大潮；另一方面，也引发了在吸收世界先进的科学技术和文化之同时，如何保留本土文化价值和艺术价值的长期争论。建筑，需要科学技术与文化艺术的融合发展，但没有现成的道路，需要摸着石头过河，需要开拓新的疆域。在飞速城市化的40年间，很遗憾，我们没能找到可复制、推广的方法和最佳的路径，建筑理论和实践始终在科学与艺术间前后摇摆、左右为难。在市场的驱使、权力的导向下，文化艺术因其形而上的"高贵"，逐渐主导了社会的价值取向，并逐渐异化为"理念主导的建筑学"。驱使建筑师更加愿意追求形而上的快感、图与文的附会和封装在蓝图里的所谓"诗意"。而建筑专业群体或是羞于谈论科学技术对本学科的发展意义；或是带着恐惧的心理来看待新的科学技术，担心"智能设计"

抢了建筑师的饭碗；或是惧怕"机器人"建造出冷冰冰的未来之城；或是臆断技术主导的设计必定会缺少人文关怀……。因为未知或浅尝辄止的认识，而带着排斥的心理来看待新科技，必将驱使建筑学走入保守、封闭和教条主义的困境。

今天的建筑学，论艺术，在各种思潮交织、碰撞中，已经后继乏力，急需一次革命性的思想变革和理论创新。论科学，百年以来依然离不开"人工作业"的生产施工方式，还不得不继续采用拖泥带水、手提肩扛的建造手段来建造越来越现代化、智能化、高科技的新建筑。急需将先进的科学技术融入建造需求，以科技革命引领建筑业生产方式的变革。

1.4 表皮还是系统？

"参数化建筑"的流行，看似顺应了数字技术的发展趋势，实则是更多沉醉于如何用数字技术计算出更为酷炫、更加复杂的建筑表皮，营造不同于传统的新建筑形式。如果说，现代建筑运动充分体现了"形式追随功能"的演进逻辑的话，参数化建筑运动在几年前起步的初始阶段，由于不具备可以完整地复原机器算法的数字建造技术，更多地充满了"形式先于功能"的生成逻辑（图1-4-1）。其目标往往是基于某种算法，计算出一个炫酷的"参数化表皮"，并进行空间塑形，而忽略了支撑建筑的结构、围护墙体、机电管线和装饰装修系统性的整合。鲜有像北京凤凰中心（图1-4-2）和北京丽泽SOHO（图1-4-3）这样，从建筑整体出发，对结构、空间、机电设备和装饰装修进行全面系统的数字化设计的案例。即便是北京凤凰中心这样，设计阶段用数字模型描述了结构、围护、机电设备和装饰装修系统，并通过数字手段整合设计的建设项目，其建造过程大多数还是沿用了拖泥带水的人工作业、现浇的混凝土框架、现场焊接、厘米级误差的钢结构、砌块砌筑的内外墙体和抹灰拼贴的手工作业建造方式。建筑业的建造方式，始终不能将现代科学技术的

图1-4-1 望京SOHO为代表的
参数化塑形，形式先于功能
（图片来源：视觉中国VCG211163
977566）

图1-4-2 北京凤凰中心的参数
化系统——整体的数字化设计
（图片来源：BIAD邵韦平工作室
供图）

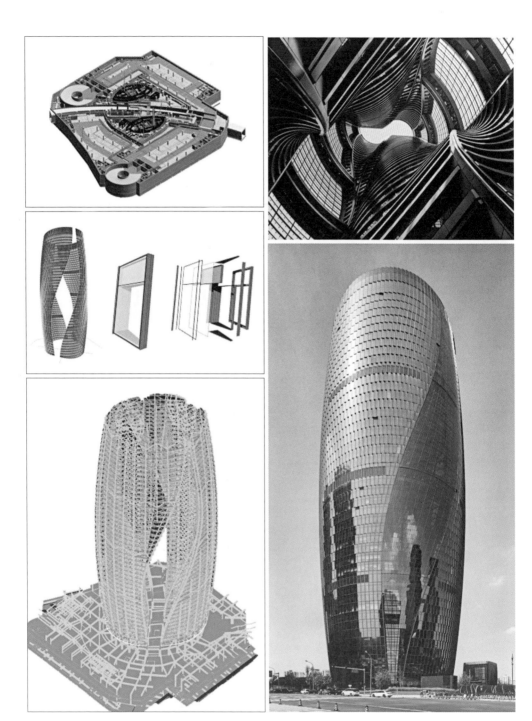

图1-4-3 北京丽泽SOHO——结构、围护、机电、装修的参数化系统
（图片来源：摄影师 傅兴，BIAD邵韦平工作室供图）

最新成就纳入学科融合发展进程，始终脱不开作为一门艺术的角色限制，在建造技术上远远落在了时代科技进步的后面。

1.5　建筑教育之脱节

在建筑教育和建筑师职业培养方面，建筑技术尤其是与建造有关的专业教育在各大高校被边缘化，成为配角，建筑构造教材大多沿用20世纪50年代基于砖混结构、简单的混凝土框架和单层工业厂房等简单建筑工程的基础构造做法。其基本内容往往来自于书本和各种图集，结合当前工程实践的少。由于与工程实践严重脱节，其防水、变形缝、连接节点等往往都落后于实际工程应用的最新成熟做法，与实际建造相去甚远。教授建造学科后继人才的培养没跟上，缺乏真正懂得建造的老师，由于缺乏专业人才，有的学校只能用"略知一二"的老师来代课。有的老师由于没有实际工程经验，只能照本宣科，人云亦云。培养的学生缺乏必要的工程建造实习，无法了解建筑的建造过程，毕业后无法完全胜任设计及建造工作。从事建筑设计的专业技术人员，由于缺乏工程建造的知识和经验，本来是急需要补充建造方面的专业知识，但在进行继续教育时，还是没有或少有建造技术方面的培训，多被安排学习标准、规范、政策、法规等。即便有那么几堂课的安排，要么任课教师的专业性不够，不一定教得明白，要么课程缺乏系统性，讲得支离破碎、一知半解。使得建筑教育与工程实践需求脱节，培养出来的建筑师和工程师们，要么通过工作中的研究、实践和总结，逐渐将自己变成一个具备建造知识和经验的成熟营造师，要么只能放弃努力，照猫画虎，其设计只能停留在图纸上，为满足规范而设计。一旦到了工地，还得按施工单位的现场经验来。比如，某项目设计时的防水做法基本照抄标准图集，与工程实践摸索出来的成熟做法有一定差异。尚需按各方结合项目调研，经过表1-5-1的3轮磨练才修改到位，得到业主认可，并按表1-5-2最终设计0.3版实施。

	某项目裙房及地下防水做法的演变	表 1-5-1
1. 图纸1版	设计按合同约定选择参考某图集做法	
2. 专家评审	重要工程防水基本上都需要专家评审。建筑的复杂性，建筑师比较难以全面把握质优、价低、适合具体项目条件的防水做法，需要防水专家的好建议	
3. 图纸优化	地下室底板原设计自粘卷材做法实际不能实现，改为预铺反粘方能实现	
4. 按工程需要进一步优化	项目考虑地下室顶板、裙房屋面防水施工功效，及考虑雨期施工防水效果，材料做法2.0变更将第一道聚氨酯防水涂料改为非固化橡胶沥青	

	某项目防水做法演变过程（从设计到实施）	表 1-5-2
图纸（施工图0.1版）	1. 面层做法见景观专业（种植）； 2. 土工布滤水层（聚丙烯或聚酯材料），100~150g/m²； 3. 成品PVC塑料排水板（地漏口处填放土工布包碎石）； 4. 50厚C20 UEA补偿收缩混凝土，表面压光。混凝土内配ϕ4@150×150钢筋网片，设间距≤6000的分隔缝（钢筋在缝内断开），缝宽10mm，内嵌聚氨酯密封胶； 5. 干铺无纺布一层； 6. 两层聚乙烯丙纶（耐根穿刺）卷材复合防水层（0.7mm卷材+1.3mm聚合物水泥胶结料）； 7. 2mm厚聚合物水泥基防水涂料（JS-Ⅰ型）； 8. 与防水材料相适应的基层处理剂一遍； 9. C20细石混凝土按建筑平面找0.3%~0.5%坡，最薄处30mm，原浆压光； 10. 钢筋混凝土屋面结构板	
招标图纸做法（施工图0.2版）	1. 4mm厚SBS改性沥青耐根穿刺防水卷材； 2. 2.0mm厚双组分聚氨酯911防水涂膜，四周翻起高于完成面（填土面）250mm； 3. 与防水材料相适应的基层处理剂一遍	
最终实施的设计（施工图0.3版）	1. 面层做法见景观专业（种植）； 2. 土工布滤水层（聚丙烯或聚酯材料），100~150g/m²； 3. HDPE高密度聚乙烯排水板，25mm厚，杯口直径80mm，抗压强度>30t/m²（地漏口处填放土工布包碎石）； 4. C25细石混凝土按建筑平面找0.5%坡，最薄处50mm厚，表面压光。混凝土内配ϕ4@200×200钢筋网片，设间距≤6000的分隔缝（钢筋在缝内断开），缝宽10mm，内嵌聚氨酯密封胶（如果结构板为结构找坡，C25细石混凝土的厚度为50mm厚）； 5. 干铺无纺布隔离层，300g/m²； 6. 4mm厚SBS改性沥青耐根穿刺防水卷材，四周翻起高于完成面250mm； 7. 2.0mm厚非固化橡胶沥青防水涂料，四周翻起高于完成面（填土面）250mm； 8. 与防水材料相适应的基层处理剂一遍； 9. 钢筋混凝土结构板	

1.6　建筑师之边缘化

欧美建筑师在营造活动中，往往处于比较核心和关键的作用，一方面源于其传统文化中重视建筑师，习惯于聘请建筑师负责总体把控建造过程、确定建造标准，并对建造成果进行专业评判。另一方面来自于其法律法规体系对建筑师负责制的保护，让建筑师拥有更大的建造话语权。更加重要的原因是欧美建筑师深度参与建造过程管理的传统，培育了一批具备开展建筑营造业务的专家和行家。反观目前开展建筑师负责制的最大障碍，正是营造领域缺少真正懂得建造的人才，没有或少有懂"营造"的建筑师，一般的建筑师只会空间、造型，只会附会所谓的"理念"，更好的、有能力的建筑师能提供高完成度的设计成果，鲜有能够从设计阶段管控到建造完成交付使用的全过程的全才型建筑师。在建造活动中创造的价值低，话语权因此越来越弱，在建造产业链中的价值日益淡化，建筑师的作用渐渐地发生了变化。这个趋势甚至通过一些新兴的建筑市场反过来影响到了欧美建筑市场，导致欧美国家懂建造的建筑师也在逐渐减少。"在当前的合同安排中，建筑师被明确排除在建造手段和方法的参与之外，变成了仅仅是一个造型师。"（《再造建筑》，[美]斯蒂芬·基兰詹姆斯·廷伯莱克著）。这段话较为生动地表达了当代建筑师的职业烦恼。由于市场主导权越来越偏向资本和建设方，技术被买断，建筑师本身的知识短板，致使其不具备对营造的控制力，再加上对建筑学科的偏见及误会，有的建筑师走上了偏于功利、浮躁、虚空的造型设计和理念附会的执业之路，蜕变成"造型设计师"。

所幸，目前正在建立起建筑师负责制的社会环境和舆论氛围，会有越来越多的建筑师重视营造、参与营造，建筑行业也会慢慢建立起建筑师负责营造活动的新模式，并建立起新的"传统"，建筑师们要积极投入这样的行业变革，努力将自己打造成"营造学家"。真正具备营造能力的建筑师，是不可能在建筑活动中被边缘化的。

1.7 产品还是艺术？

2020年9月12日，何哲、刘宇光、刘延川、董灏、樊则森五人在北京ideapod沙龙，发起了建筑之问，大家讨论了15条。经五位建筑师同意，我归纳了如下6条：

1. 为什么建筑是遗憾的艺术？

因为所有的建筑都是半成品，而且投资巨大，没有试制的可能，没有复盘的可能，没有迭代的可能，只能"试错"；而且，肯定会出现或多或少的错误，建筑师和建造商只能尽量减少错误，不可能百分之百没有错误，所以建筑是遗憾的艺术。

2. 为什么所有的建筑都是半成品？

因为我们没明白100年前柯布西耶先生说的话："住宅是居住的机器。"让建筑成为居住的机器，并不是字面上简单理解的"机器"之意，不是让大家住在机器里。而是要研究如何用产品化的思维，不仅表现"机器之美"，更为重要的是通过工业化制造的方式来建造房屋，将建筑作为完整的建筑产品来生产、装配。过去我们只装配结构，不管安装机电管线和围护系统，更不管内装和环境营造，以"毛坯"交房。建造有设计、制造、施工、安装、装修等很多环节，但是每一个环节都只是满足于为下一个环节交出半成品，没人对最终的产品负责，没人对能够满足功能要求的建筑整体负责，没有人去关心建成以后建筑使用的体验感，少有人去真正关心如何让使用者得到美好生活的感受。

3. 为什么这么多新技术不能提高建筑行业技术水平？

建筑是一次性建造活动的产物，自身没有成为产品，构成建筑的各大系统也没有成为产品。目前的建造属于施工行业，没有成为建筑产业，建造过程不能工业化重复生产，建造成果还不是完整的建筑产品，只建造一次，很多技术只能一次应用。在建筑中一次性应用的新技术，只能体现在单个建筑或掌握该技术的公司。没有产品作为技术的集成载体，就很难实现规模化、产业化的技术应用。新技术的整合不足，影响了新技术对建筑行业技术水平和产品水平提高的贡献度。

4. 为什么不能整合在一起？

因为建筑没有真正成为一个产业。建筑有很多行业，包括勘察行业、设计行业、施工行业、监理行业、房地产行业。行业内还包括众多的专业，比如设计行业还包括建筑、结构、暖通、给水排水、强电、弱电、内装等专业。其关联度极高，规模庞大，对国民经济的贡献巨大。本应该构建起现代意义上的产业生态系统，整合各建筑相关行业成为建筑产业。但由于行业分工过于碎片化，产业链集成度低，供应链割裂，价值链尚未形成，更多依赖以手工业为主的生产方式，关键是缺少将这些行业整合的市场机制和商业模式，一直在沿用"非制造业"和"非市场化"的条块分割的组织管理模式。设计只对图纸负责，不对产品负责；施工只对毛坯负责，不考虑精装需求；房地产商只考虑建筑创意及销售文案策划能不能让房子卖得快、价格好。没人去考虑建筑产品，没人去负责构建起符合产业整合需求的产业链、供应链和价值链，各行业、各专业在协同性上远远达不到现代产业的基本要求。

5. 为什么当前社会生产方式越来越先进，建筑行业反而落后了？

因为建筑的碎片化非常严重，而且缺少产业逻辑，没法形成基于产业内在关联关系驱动的市场化机制。目前，建筑行业所谓的市场化，其实质是投资、开发、设计、施工、分包、包工头、农民工等关联关系之间，基于利益分配逻辑而构建起来的市场化。这种生产关系不能适应工业化、产业化的生产方式，导致行业虽然也在进步，但进步的速度和质量都落后于社会生产力的进步。

6. 为什么BIM拯救不了"遗憾的建筑"？

其一，BIM原本是用于制造业的平台，完整而精细的BIM模型在制造业可以重复发挥巨大的作用。但在建筑上，BIM是一次性、不连续使用的过程，建一次模型仅能一次建造使用；其二，BIM是数字信息的载体，只有在数字化工厂才能发挥最大效益。而BIM成果只能用于工厂或工地的工人去读懂，然后靠人去照图施工，没有数字化工厂和数字化工地，BIM的优势发挥不出来。

以上六问，说明我们没有真正理解勒·柯布西耶的话，一直纠结于建筑活动到底是为了创造艺术孤本，还是为了生产建筑产品。将建筑单纯地看作艺术，没有将其当作工业化制造的产品，因而不能用这个时代最先进的制造方法来提供建造服务，导致建筑业没有跟上时代前进的步伐。

我们要为建筑正名，要做产业化的建筑产品，而不是艺术化的建筑孤本。艺术不能拯救建筑，产品才能拯救建筑。要对标制造业，设计有温度、有文化、有艺术的产品，让建筑先成产品，再成作品，用产业化的方式，使其不断迭代、升级，遗憾越来越少，让更多的人感知并感受到体验感更好的建筑，用科技的力量，让建筑更美好！

探索中的建筑
工业化

让建筑成为产品，让产品通过工厂来制造，让建筑产品服务人的美好生活。现代建筑运动推进了世界性的建筑行业转型升级，百年前的建筑工业化将拖泥带水的手工粗放作业方式升级为工业化半机械作业的方式，促进了建筑质量、性能、功能等翻天覆地的变化。建筑设计的能力和水平越来越高，手段越来越先进，但反观其建造方式，目前实现的仅是简单机械对人工的辅助。1920年，纽约帝国大厦建造人类历史上首栋百层高楼的工地上，采用的是塔式起重机+人工作业的方式，今天，我们建造更高、更加伟大的建筑，仍然是塔式起重机+人工作业，仍然是只能依赖人工的手工、手艺和手段，最多加一些半机械化作业的建造技术。受困于如此一成不变的建造方式，人类已经围绕建筑工业化摸索了一个世纪，很多的技术虽然非常先进，但是要落到建造的现场，仍然是一筹莫展。在新的100年，在工业化、绿色化、信息化的新科技日益深刻地影响着人类社会方方面面的时代背景下，我们要补上这个短板，让新型建筑工业化再次披挂上阵，担负起新时代建筑业转型升级之重任。

在摸索中前行的建筑工业化，仍然面临若干现实问题。

2.1 现浇还是装配？

在发展建筑工业化的道路上，关于"现浇"还是"装配"之辩论从未间断和停歇。混凝土最先来自于意大利半岛上的天然火山灰，是一种在常温条件下，通过加入水，先从粉状转变为液态流体，经过一段时间，又能从液态流体变为固态，释放出水化热，并且逐步达到一定强度的建筑材料。后来，在工业革命时期，英国人用石灰岩和黏土烧制，首次发明了人工水泥材料，在后续200年的建筑实践中，多以预制装配和现浇两种方式来进行建造。现浇主要是指在工地现场进行液态混凝土的浇筑施工，装配则是在工厂浇筑，形成预制构件后运输到现场，通过特定的节点连接技术，将预制构件搭接成完整的结构体。现浇有现浇的优势，比如整体性好、可模性好、成本低等；但也有劣势，如易裂、费工、费模板、异形构件难以施工、施工条件受气候影响大、材料浪费大、补强修复困难等；装配也有其优缺点，优点是资源节约、污染少、工期短、养护及质量控制好、误差小等；缺点是成本较高、工艺复杂、进入门槛高等。现浇和装配不是非此即彼，不能孤立对立地看待，而应该从整体的观点出发，辩证地分析其应用条件，分析它们能给建造带来什么样的好处，发挥各自所长，规避各自所短，该现浇的现浇，该预制的预制，该现浇和预制结合的就进行结合，方能实现整体最优的建造。

2.2 结构、内装还是整体？

在我国发展建筑工业化的近30年历程中，主体结构工业化和装饰装修工业化，分别代表了两大主要的发展方向，也始终是建筑工业化的两大重要命题。比较典型的就是在21世纪初，曾经有过优先发展主体结构的工业化还是优先发展内装工业化的争论。今天看来，不仅结构和内装建筑工业化两者不能割裂，必须兼顾，既要主体结构工业化也要装饰装修工业化，才有可能实现整体的工业化。不仅如此，整体的工业化还应该包括建筑围护系统和机电设备系统的工业化，只有将主体结构、建筑围护、装饰装修和机电设备都在工厂生产，在现场干法装配，高度集成，才能真正实现高品质精益建造的目标。只有全面、系统地将建筑作为一个整体的工业化，将建筑作为一个完整的大系统，采用社会化大生产的方式，通过将建筑各组成要素在工厂精益生产，到现场高效装配，最终实现建造过程最优、建造成果也最优的工业化，才算得上是真正的工业化。

2.3 混凝土还是钢结构？

工业化建筑的发展方向和技术路线选择，在近几年建筑产业重塑并转型升级的大背景下，一直存在比较大的争议。有的说钢结构好，要大力发展钢结构装配；有的说混凝土结构好，要大力发展装配式混凝土结构建筑。其实，无论什么结构都有其存在的合理性和适应范围，钢结构造价高，抗震性能好，适合做抗拉构件，便于装配；混凝土结构造价经济，耐腐蚀力强，适合做抗压构件，自重大，装配起来比钢结构略有困难；现代木结构最好装配，结构和装修一体化，但主材基本靠进口，造价较高，民众对防火性能的担心尚待破解……

没有最好的结构，只有最适合的结构，在工业化建造的逻辑下，应该以建筑整体最优为目标来选择适合的结构，秉持该用什么就用什么、什么适合就用什么的原则。随着结构科学的发展，结构组合的理念和方法由于更加能够发挥不同材料的力学和性能优势，可实现结构系统的最优化。我们应该倡导发展钢+混凝土、钢+木、混凝土+木、混凝土+钢+木等的各种高性能混合结构。

2.4 营造还是施工？

施工，是指按设计要求，在工地现场，有计划地建造房屋的集体协作行为。营造，取自《营造法式》，"营"意涵策划、规划、设计，还有经营、管理的意思；"造"是指建造、施工，"营造"组词，意指设计、管理、建造一体化开展的工程建设活动。

建筑工业化"五化"特征：标准化设计、工厂化生产、装配化施工、一体化装修和信息化管理。其中，"标准化设计"是核心，传统的工程建设模式，设计是单独开展、相对独立进行的一个工种，设计图纸是在设计院自己的封闭体系中通过各个专业的配合而完成的。一般仅以满足规范为目标，最终交付成果是"蓝图"。设计既不管生产，也不管施工，只对蓝图负责。

传统的建筑管理模式将施工变成了设计之后的另一个责任主体，

在以施工为责任主体的模式下，一切工作都只能以工地为中心来展开，既不能结合设计推演施工流程和工艺工法，开展前期优化，也不能让设计和施工都按照以最终的建筑产品为目标的共同价值观高效协同工作。设计只想着画完蓝图赶快收设计费，施工总喜欢通过痛批设计不合理，多搞点洽商和变更，然后索赔变现。如此碎片化的模式，缺乏组织化和预判性，只能被图纸、概算、定额等束缚，工地的组织管理往往带有分散性、临时性、随机性的特征。工程实践中，我们常常碰到这样的问题，由于设计没有考虑施工，"蓝图"所表达的内容要么实现不了，要么不能提供最优的解决方案，施工中随意改变设计的情况不可避免。于是，施工现场就用"齐不齐，一把泥"来处理建筑，导致建筑质量不高、性能不强、效率不高。因此，我们需要变蓝图思维为产品思维，需要在设计环节充分考虑建造的实际和要求。

营造是设计施工一体化的建造，它不同于传统施工队和设计院的简单相加。这些年，有些地方很多企业用传统的设计、施工和管理模式进行装配化施工，效率不高，资源不省，成本过高，人工也不见减少，如此没有节材、省人、降本、增效的做法，是"为了装配而装配"，不是真正的建筑工业化。新的营造活动需要让制造端和施工端的工程师都参与设计，要从制造和施工的角度来组织设计。营造中的施工，要全面协同设计和制造，高效、有序地组织所有资源，在工地开展精益建造，实现系统性集成，并最终将建筑整合成一个有机的系统。综上所述，如果站在过程导向角度，所谓新营造，是指设计、制造、施工到整体交付全过程，一体化的系统性集成建造。如果换成目标导向，所谓新营造则是以完整建筑产品为目标的设计与建造。

2.5 性能还是成本?

建筑工业化的终极讨论常常归结为"成本"，只要一说到成本，很多开发商就选择不做工业化！在传统设计、生产、施工各自独立与建设方签合同的情况下，装配式建筑的成本增量主要来自于设计咨询费（专项深化设计、施工咨询费）、构件生产费（建厂投资摊销、模具摊销、运输）和施工措施费（堆放场地、起重机增量、专业工种）等。这种成本的增加看似一样都不能少，实则可以通过生产组织模式的优化实现降本增效的目标。

通过设计施工一体化的"营造"模式，工业化建筑的成本可以有增有减，实现成本平衡。比如说，通过预制凸窗、外墙、内分隔墙的精益装配，实现毫米级精度，结构增加的成本可以通过装修环节的免抹灰、减人工来平衡。再如，通过工厂自动化无人生产叠合楼板，自动化规模化生产工字钢梁，用钢梁替换混凝土梁所产生的成本增加，可以通过现场免支撑、少人高效施工，降低成本来平衡。甚至可以通过集约化、规模化大生产减少人工和中间环节，以制造业的成本和商务运营理念来大幅度降低建造成本。近些年，随着人力和建材资源成本的增加，用EPC模式组织，采用工业化建造方式的若干试点项目，其综合成本目前已经基本达到了"拐点"。

更加应该被关注的，是建筑整体的"性能"。在商品化的市场经济中，优质的好产品从来都不缺买主。搓衣板便宜，但人们更愿意选择贵很多的洗衣机；普通手机便宜，但智能手机人人爱用；廉价汽车便宜，但当人们具备条件时，更愿挑选配置高、性能好的汽车产品等，不一而足。工业化建造的目标是供给高品质的建筑产品，应该以质量和性能为目标，通过管理提升、设计优化和精益建造，全面提升建筑产品的质量和性能，只有高性价比的产品才能被使用者所选择。

2.6 好建还是好用？

建筑不能仅是人类生存所依赖的物理空间，还应该是人类栖居的情感空间。工业化的建造方式，多是从"易建性"角度来研究建造，较少研究人在建筑中的生活场景。"新营造"应该既研究建造，也研究人，尤其要重视用户体验，对于建筑产品来说，好的"用户体验"就是要好用，只有好用才能让居住者有"获得感"。我国在计划经济时期建造了很多以工厂生产、现场装配为特征的工业化建筑，到今天仍然为大众所诟病，主要原因就是"不好用"。集中体现在装修标准低，隔声性能差，水管、楼面和墙面跑、冒、滴、漏等质量通病多等方面。居住过此类建筑人群"获得感"的失落，是国内建筑工业化推进的重大阻力，也是发展建筑工业化的主要困惑之一。反观欧洲、日本等国家和地区，内装的工业化、模块化、部品化，提供了丰富多彩、选择多样、精益制造并充满人文关怀的室内空间环境，让居住者得到美好的居住体验，获得感的提升极大地推进了工业化建筑产业的发展。

工业化建筑的
系统建构

建筑工业化在我国20世纪下半叶及21世纪初的发展，几起几落，几经"折腾"，始终没有得到持续性的稳健发展。其主要原因就是缺少整合建筑的系统科学理论及方法来指导工程实践。由于缺少科学方法指导，只能头痛医头、脚痛医脚，始终处于碎片化的发展状态。导致建筑设计、加工制造、装配施工各自分隔，相互间关联度差；建筑、结构、机电设备、装饰装修四大要素各自独立，自成体系，专业间乃至全过程各工种间都缺乏协同；建造过程将成本放到高于一切的至上之位，为了成本不惜牺牲质量、性能和效率，没有人为产品负责。建造方式满足工期和质量要求没有好的办法，全靠多上人，打人海战术，手段粗放。建筑完成品标准低、毛病多、寿命短；过去那种将一个完整的建筑及其建造工程人为地切分开来，碎片化的施工总承包管理模式，缺少面对质量、安全、效益、性能的整体统筹机制，无法从施工的末端引导前端的技术研发、设计和部品部件采购环节等，不利于工程优质、高效地进行建设。我们今天发展建筑工业化，应该将建筑作为一个整体，以最终供给能够让人得到美好使用体验的建筑产品为导向，应用系统工程理论统筹建造的全过程，集成若干技术要素，用设计、生产、施工一体化，建筑、结构、机电、内装一体化和技术、管理和市场一体化的系统整合方法，实现建造过程质量、性能、成本、效率的最优，并能提供整体最优的建筑产品。我们要围绕提质增效和持续发展制定指标体系，选择适宜的技术路线稳步发展。可以预期，以建筑工业化为抓手，利用系统科学理论指导，必将进一步开拓工业化建筑设计及建造的新领域，促进建筑行业的转型升级和大发展。

3.1　系统科学与系统工程

为了解决上述问题，需要引入系统科学的理论和方法指导建筑设计及建造的工程实践，探讨工业化建筑从设计到建造全过程、全方位的整体解决方案。为此，需要厘清系统、系统科学和系统工程三个基本概念。

关于系统，钱学森指出："系统是由相互作用和相互依赖的若干组成部分结合而成，并具有特定功能的有机整体。这个有机整体又是它从属的更大系统的组成部分。"

系统科学以系统构成要素及其关联科学为研究对象，是"管科学的科学"，其核心价值在于研究要素之间的联系。

系统工程可以用何继善在《工程管理论》中的论述："工程这个词18世纪在欧洲出现的时候，本来专指作战兵器的制造和执行服务于军事目的的工作。从后一涵义引申出一种更普遍的看法：把服务于特定目的的各项工作的总体称为工程，如水利工程、机械工程……，如果这个特定的目的是系统的组织建立或者是系统的经营管理，就可以统统看成是系统工程。"系统工程不是简单的系统+科学，它是系统科学工程应用理论和方法等多元复合的有机体，是实现系统最优化的管理工程技术，系统工程自20世纪40年代诞生，在80年的时间中，其理论和方法对原子能、电子计算机、空间技术和生物工程的发明和应用起到了关键作用，在工业、农业、国防和科学技术等领域都得到应用。自1956年以后，伴随着"两弹一星"的研制，我国系统科学与系统工程得到了体系化的大发展，目前不仅应用于航空航天、导弹火箭等国家重大工程项目，还广泛应用于大飞机、航母、高铁、深潜、汽车等"中国制造"的主攻方向。因此，系统工程既是第二次世界大战后，人类社会若干重大科技突破和革命性变革的基础理论和方法，也是新中国成立以来若干科技、产业、社会发展和进步的强大推动力。

工业化建筑系统工程是研究建筑整体、部分及其关联关系的工程技术应用科学和管理科学的集成。它既定性又定量地为工业化建筑系统的规划设计、试验研究、建造使用和管理控制提供科学方法。它的最终目的是使建筑系统运行在最优状态。以系统科学为基础，研究建筑系统集成设计及建造理论，并找到解决问题的系统工程方法，是工业化建筑系统工程需要回答的关键科学问题。

3.2 系统工程和建筑学

系统工程不是依托于单一学科而存在和发展的，它是一个综合性的科学，服务于特定的某个学科时，往往用"××系统工程"来表示。比如：飞机系统工程、生物系统工程、航天系统工程等。今天我们提出工业化建筑系统工程理论，应用建筑系统工程这个词，就是希望将系统科学理论应用于工业化建筑研究与实践的科学探索和实践过程，一方面让系统工程的思想、方法等先进成果为建筑学科在工业化建筑细分领域提供存在的问题解决之道；同时，既促使建筑学科的发展进步，也促进系统工程理论体系的发展和完善。

不同的专业背景，对系统工程的定义也不同。首先，我们要站在建筑专业的角度来理解系统工程，利用系统工程普遍原理和方法，解决建筑问题；其次，要借助系统工程，充分吸收各学科、各专业的先进成果去解决建筑问题，以此促进建筑科学的进步和完善。

工业化建筑系统工程理论的精髓，是将建筑、结构、设备、装修等专业，及设计、制造、施工、安装等各工种的智慧，汇集到一起，形成知识和技术的集合。建筑系统工程要综合地提出解决建筑问题的方法和步骤。在构建这个集合并综合解决问题的过程中，集成和整合是不可缺少的两个方面：集成是将一些孤立的事物或元素通过某种方式改变原有的分散状态而集中在一起，产生联系，从而构成一个有机整体的过程；整合是把零散的东西彼此衔接，从而实现信息系统的资源共享和协同工作，形成有价值、有效率的一个整体。在研究建筑系统工程时，要建立"集成"和"整合"的概念，并用整合建筑的方法将建筑各组成部分有机建构为一个完整的建筑。

建筑系统工程是通过综合研究社会、经济、生态及其他工程技术系统，以相互联系的整体观和集成整合的系统观，开展城市规划、建筑设计、工程管理、施工组织等活动。以规划、设计、施工及管理的一体化为主线，综合美学、生态学、社会学、经济学、工程学、电子学等学科，采用综合、系统的技术手段整合设计建造全过程，以达成建造过程及建筑产品的社会、经济、生态和产业等综合效益的统一和优化。尤其需要强调的是，建筑系统工程离不开人的因素，管理需要人，建筑设计和建造过程也需要人，各要素之间的整合和统一更是离不开人和人的协同。因此，在研究建筑系统工程时，要将人作为其中最主要的关键因素之一。

由于有"人"还有"物"，建筑系统工程的研究对象除了土木、机械、施工这类"硬"工程之外，尚包括工程组织与经营管理等其他属于"软"工程的内容，因此，建筑系统工程具有"软硬兼顾""以人为本"的综合性、人文性特征。

3.3　系统建构之四大系统

对建筑系统的研究，涉及建筑整体和部分的优化、控制、信息、仿真模拟及数学分析等各种模型，其科学意义在于通过分析各种建筑要素，找到其本质属性、区分其从属关系、分级其逻辑层次，用系统建构的方式表达出其功能、成分及相互关系，将涉及建筑本体的技术要素与艺术要素联系、整合在一起，构成系统最优化、功能最完善、体验最完美的有机整体，以满足人对建筑的总体需要。工业化建筑与非工业化建筑相比，其系统建构更为清晰，更便于进行系统分析、描述、优化和重构。我们只要遵循工厂制造和现场装配的逻辑关系，结合其在整体中的作用和功能，就能科学地对各大系统要素进行区分。

一般的工业化建筑由结构系统、围护系统、机电设备系统和装饰装修系统四大部分构成（图3-3-1）。结构系统是建筑的主要支撑体，承担抵抗竖向荷载和水平荷载的结构功能，结构系统的基本属性是安全性，也兼具经济性、易建性和结构空间对各种功能的适应性等要求。可以选择钢结构、钢筋混凝土结构、木结构、混合结构、组合结构等结构形式。结构系统包括柱系统、墙系统、梁系统、楼盖系统、减震系统、隔震系统等子系统。各子系统之间通过具有结构功能的连接节点来发生关联并组成为完整的结构体系；围护系统包括屋面系统、外墙系统、门窗系统、遮阳系统、阳台系统、防火分隔系统等子系统，各系统之间通过既有结构功能，又有物理性能要求的构造连接节点产生联系，并共同构成具有热工、声学、密闭等物理性能的完整的围护体系；机电设备系统与使用功能和人的生理需求密切相关，包括采暖系统、空调系统、给水系统、排水系统、强电系统、弱电系统、消防系统、支吊架系统等，各子系统之间通过管线综合和建筑设备产生联系，共同服务于建筑的声、光、电、暖及空气环境；装饰装修系统，是建筑各系统中与人的使用和体验最密切相关的子系统，不同的建筑类型，其系统构成会有所不同，如住宅建筑的装饰装修系统包括收纳系统、厨房系统、卫生间系统、家政系统、墙系统、顶棚系统、地面系统、内门系统等子系统，其间通过装饰连接件（挂镜线、踢脚等）联系并形成完整的内装体系。

这四大系统，基本能涵盖工业化建筑整体的各主要要素，四大系统之间主要通过建筑功能、空间和形式产生联系，当功能、空间和形式发生变化时，结构、围护、机电和装修也会相应发生变化。此外，建筑标准和工程造价等因素，也会影响到建筑系统的变化。

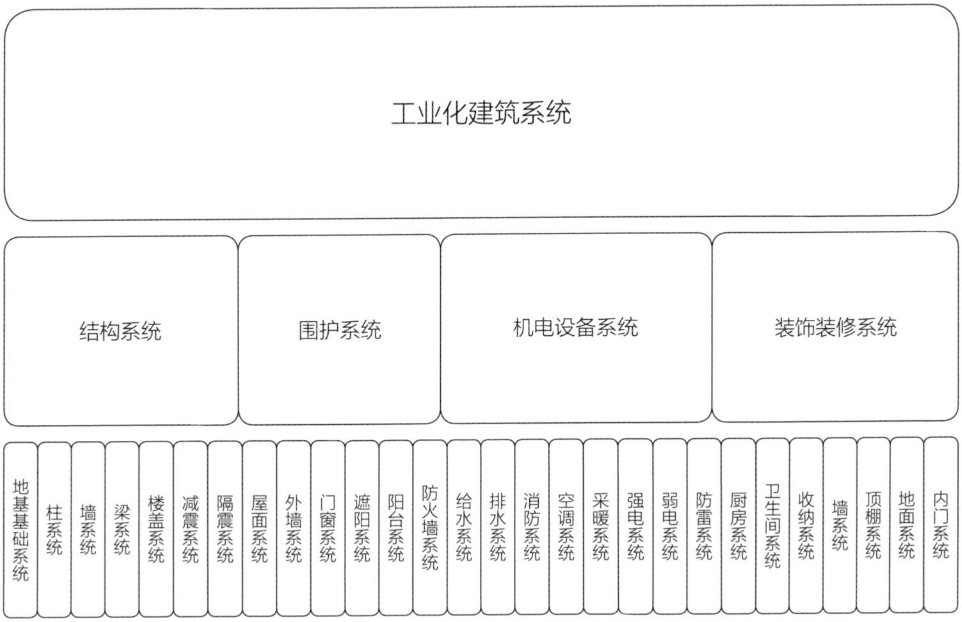

图3-3-1 工业化建筑系统框架图

工业化建筑系统

结构系统　围护系统　机电设备系统　装饰装修系统

地基基础系统　柱系统　墙系统　梁系统　楼盖系统　减震系统　隔震系统　屋面系统　外墙系统　门窗系统　遮阳系统　阳台系统　防火墙系统　给水系统　排水系统　消防系统　空调系统　采暖系统　强电系统　弱电系统　防雷系统　厨房系统　卫生间系统　收纳系统　墙系统　顶棚系统　地面系统　内门系统

工业化建筑
系统设计与建造

4.1 总体建构

工业化建筑由结构系统、围护系统、机电设备系统和装饰装修系统四大系统构成（图4-1-1）。

结构系统是建筑的主要支撑体，其主要功能是承受荷载（包括竖向荷载和水平荷载）。其基本属性是安全性、经济性、易建性和适应性等。

1. 安全性

结构安全是结构系统必须具备的基本属性，建筑会受到竖向作用或是水平作用，在承受各类荷载时，均要满足结构安全性的要求（图4-1-2）。

2. 经济性

好的结构是科学受力、选型合理的结构，这样的结构一般都是经济性比较好的结构。结构的经济性，一定不能站在单纯造价的角度来评价，而是要站在结构安全性、可靠性、长寿命和空间的适应性等角度来进行综合评价。也不能仅考虑节省材料，而要综合考虑材料、工期、人工、施工措施和运维管理方面的成本（图4-1-3、图4-1-4）。

3. 易建性

工业化建筑的结构系统，要以"易建性"作为基本的评价标准。要形成类似制造业的跨行业、跨部门的协同机制，让建筑设计、结构设计、机电设计、内装设计和工厂制造工程师、现场施工工程师一起工作，立足工厂和现场的易建性，设计出便于生产和施工的结构构件和连接节点，并形成相应的生产工艺和施工工法。比如，用带栓钉的钢梁，匹配不出筋叠合板，会让工厂制造和现场装配变得非常简单（图4-1-5）。

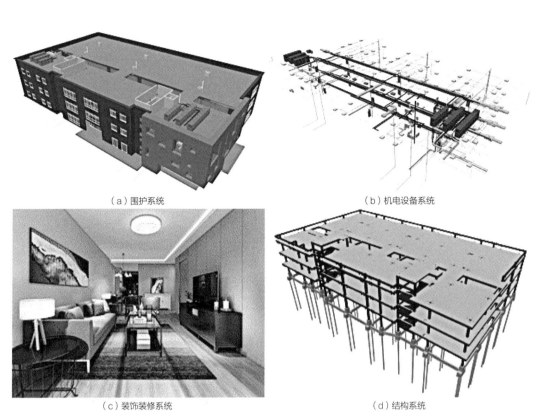

（a）围护系统

（b）机电设备系统

（c）装饰装修系统

（d）结构系统

图4-1-1 工业化建筑的四大系统

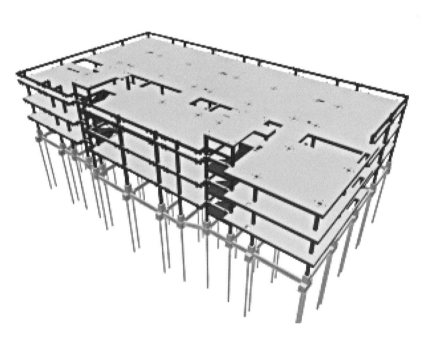

图4-1-2 某项目结构系统模型

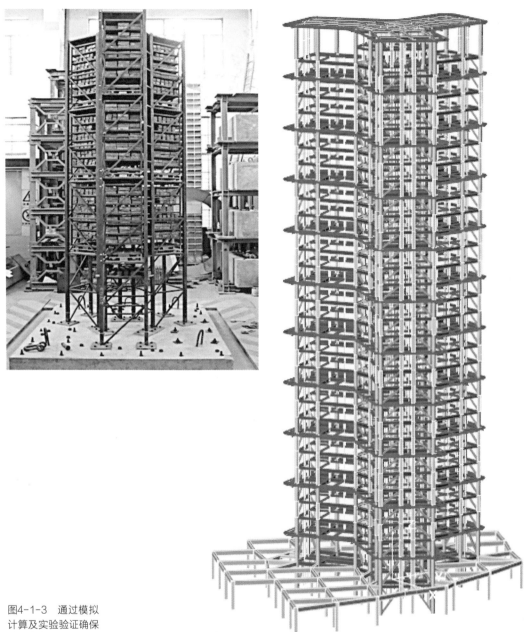

图4-1-3　通过模拟
计算及实验验证确保
结构安全

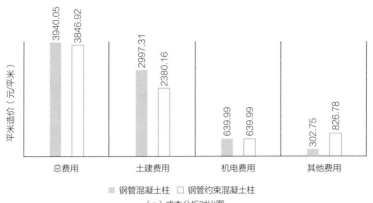

（a）成本分析对比图

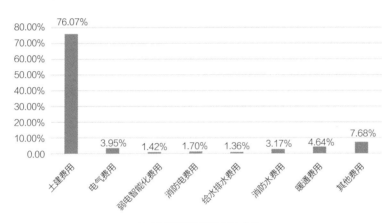

（b）钢管混凝土柱体系成本分析

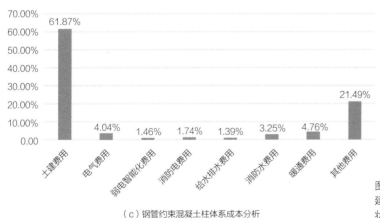

（c）钢管约束混凝土柱体系成本分析

图4-1-4 某工业化建筑成本方案对比柱状图

图4-1-5 某工业化
建筑现场装配图

4. 适应性

辩证唯物主义认为，物质是运动的，也是静止的，但归根到底是运动的，运动是无条件的、永恒的，而静止是有条件的、相对的。从运动的原理来看，大千世界的静止是相对的，变化是永恒的。建筑看似建成以后就一直静止地待在基地之上，是静止的；但放在时间的维度来看，建筑的使用功能也是永远在变化的，其使用状态也是每天在变化的，其使用场景也阶段性地随着社会的发展变化在不停地变化。

建筑的永恒变化规律，决定了建筑适应性是满足其变化规律的本质属性。结构空间对各种变化的适应性，是结构系统"有用"的根本保证。老子曰："埏埴以为器，当其无，有器之用。凿户牖以为室，当其无，有室之用。故有之以为利，无之以为用。"其中的道理我们可以理解为：建筑能为我们所用的就是结构系统所构建起来的建筑空间。建筑的功能是通过建筑空间来保证的，建筑对各种功能的适应性也是通过建筑空间的适应性来实现的。如果期望用数学的方法来描述结构空间与其适应性的关系，则可以认为结构系统的适应性与其构建的空间适应性成正比，空间越大，其适应性越高。

以适应性为例展开研究，我们可以提出一个"万变魔方假设"：设定一个3mm×3mm×3mm的立方体，以300mm×300mm结构柱（梁）形成结构框架标准模块，预设在结构框架四角300mm×300mm的中点为连接节点。只要保证每个平面该四个连接节点不变，其他均为变量来设置算法，可以得到无穷的外形变化。这就说明了框架结构系统（3×3×3立方体框架）和围护系统（四点连接的可变外墙）间是关联的，这种关联关系可以用标准化的定量关系来确定（在四个明确的定位点连接）。但是，当其中一个变量自由时，系统可以在不变的空间尺寸、关联关系前提下实现多样化。而这些变化叠加上组合多样化，就会产生千变万化的建筑空间和形式组合（图4-1-6）。

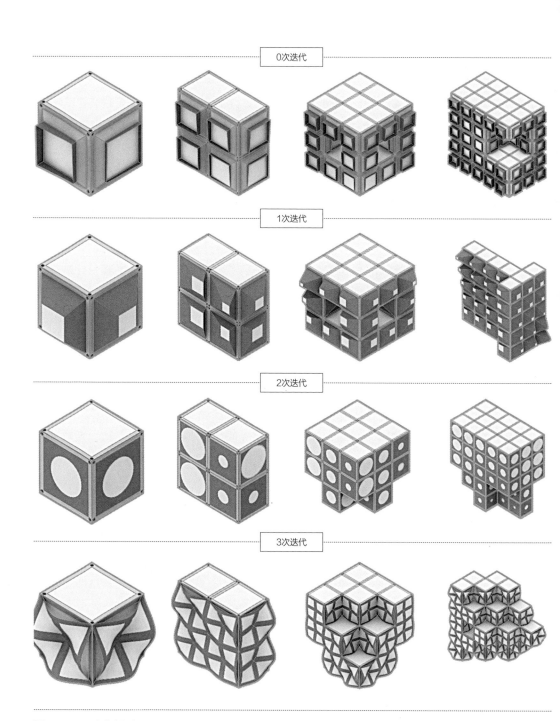

图4-1-6　万变魔方设想

在工业化建筑实践中，应对建筑的"适应性"特征，我们可以研究标准化和适应性的关系，用"有限模块，无限生长"的策略，来实现标准化和适应性的对立统一（图4-1-7~图4-1-12）。

围护系统是建筑与自然或其他领域空间之间的分隔体，其主要用于围合、分隔和保护某一个空间区域，将其与某种功能的空间隔开，来实现该部分空间在特定使用功能下的保护和分隔。围护系统的主要功能有保温、隔热、隔声、防水、防火、防护等；其特有属性有整体性、物理性、安全性、多样性等（图4-1-13）。

1. 整体性

围护系统包括墙、屋顶、门窗、遮阳、阳台、护栏、防火墙、防护墙等子系统，只有这些子系统构成一个整体，才能实现系统的闭合，共同实现围护系统的完整功能。以一栋两层建筑为例，假如它的围护系统缺了屋顶系统或是门窗系统，就不能成为一个能满足建筑围护功能的整体，这栋建筑就不能具备起码的使用功能。

2. 物理性

围护系统主要是满足保温、隔热、隔声、防火、防护等功能需要，而这些功能主要通过其物理性能指标来描述和界定，围护系统是建筑整体中对物理性能要求最多、标准最清晰的部分。比如保温性能，我们用K值来标定：被测物两侧温差为1℃时，单位时间内通过单位面积的传热量，K的单位为W/（$m^2 \cdot K$）。

3. 安全性

围护系统在对建筑空间进行分隔时，其分隔墙体可能是承重墙（如钢筋混凝土剪力墙、砌体承重墙等），也有可能是填充墙（不参与结构受力，仅作为围护体使用，如框架结构填充墙、外挂墙板等）。承重墙实质上是结构和围护一体化的集成系统。

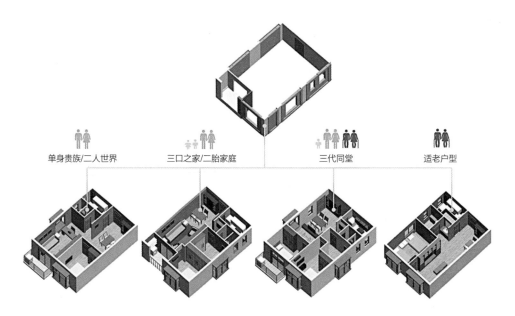

单身贵族/二人世界　　　　三口之家/二胎家庭　　　　　三代同堂　　　　　适老户型

图4-1-7　户内模块的无限生长

图4-1-8　户型结构的无线生长1

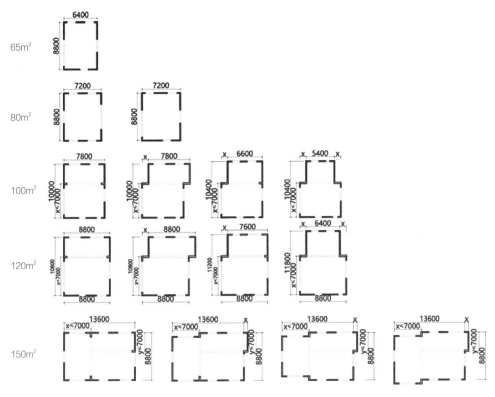

图4-1-9　户型结构的无线生长2

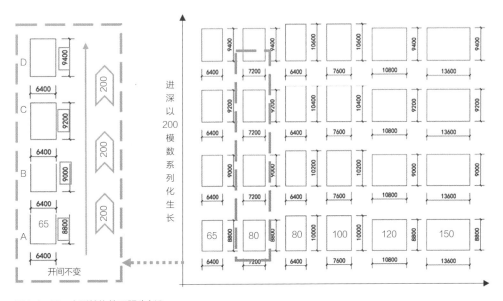

图4-1-10　户型结构的无限生长3

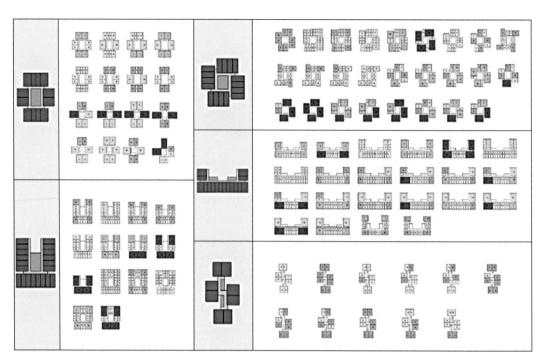

图4-1-11 户型组合的无限生长4

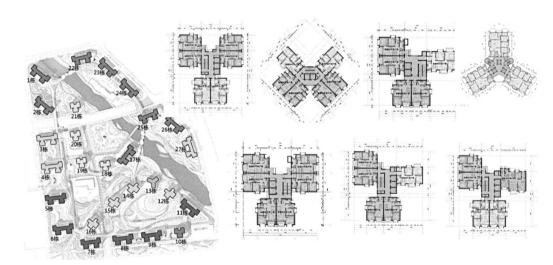

图4-1-12 楼栋组合的无限生长5

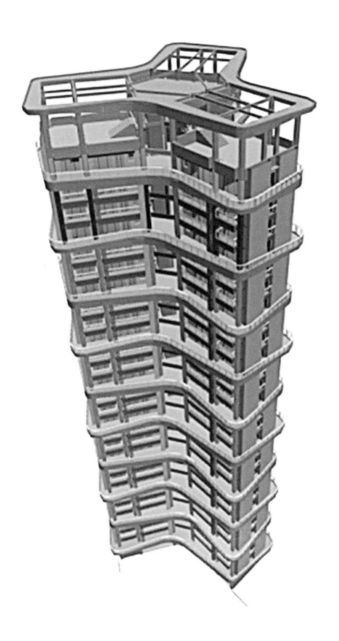

图4-1-13　围护系
统及其子系统组合
分析图

4. 多样性

围护系统具备多样性的特征，其多样性包括材料的多样性、组合的多样性和形式的多样性。在围护系统的材料选择方面，目前已经有非常多的材料选项，比如按基材分包括砖墙、加气混凝土砌体墙、加气混凝土条板墙、预制钢筋混凝土挂板、预制保温装饰一体化外墙板等；按饰面层种类分包括玻璃幕墙、石材幕墙、金属幕墙、竹木外墙、清水混凝土外墙、清水砖墙、装饰混凝土外墙、陶板幕墙、真石漆涂料、防水涂料、乳胶漆、多孔材料、不同穿孔率的金属板、不同致密度的金属网、不同透明度的半透明材料、绿植墙面等。组合的多样性是指基于上述材料的多样性，可以结合建筑功能、形式、造价限额和使用场景的不同，进行适宜的选择。辅助采取色彩、质感、光影、机理等建筑创作方法，运用比例、尺度、韵律、对比、协调、虚实等建筑美学原理，进行不同的搭配、排列与组合，以组合的多样性实现围护系统多样性，进而满足建筑形式多样性和个性化的需求。而形式的多样性正是材料多样性和排列组合的多样性的必然结果，建筑是集成了若干科学技术与文化艺术的综合性、复杂性的学科，在工业化建筑领域，我们一定要坚定建筑形式多样化与产品体系标准化的对立统一，正如梁思成先生在《从千篇一律到千变万化》一文中指出："在艺术创作中，往往有一个重复和变化的问题。只有重复而无变化，作品就必然单调枯燥；只有变化而无重复，就容易陷于散漫零乱。"这句话对艺术创作中标准化和多样化的辩证统一关系和科学规律做了一个总体论述，接着，梁先生举了北京故宫的例子来证明，在建筑艺术中，如何做到标准化和多样化的辩证统一：北京的明清故宫。从已被拆除了的中华门（大明门、大清门）开始就以一间接着一间，重复了又重复的千步廊一口气排列到天安门。从天安门到端门、午门又是一间间重复着的"千篇一律"的朝房。再进去，太和门和太和殿、中和殿、保和殿成为一组"前三殿"，与乾清门和乾清宫、交泰殿、坤宁宫成为一组的"后三殿"的大同小异的重复，就更像乐曲中的主题和"变奏"；每一座的本身也是许多构件和构成部分（乐句、乐段）的重复；而东西两侧的廊、庑、楼、门，又是比较低微的，以重复为主但亦有相当变化的"伴奏"。然而整个故宫，它的每一个组群，每一个殿、阁、廊、门却全部都是按照明清两朝工部的"工程做法"的统一规格、统一形式建造的，连彩画、雕饰也尽如此，都是无尽的重复。我们完全可以说它们"千篇一律"。但是，谁能不感到，从天安门一步步走进去，就如同置身于一幅大"手卷"里漫步；在时间持续的同时，空间也连续着"流动"。那些殿堂、楼门、廊庑虽然制作方法千篇一律，然而每走几步，前瞻后顾、左睇右盼，那整个景色的轮廓、光影，却都在不断地改变着，一个接着一个新的画面出现在周围，千变万化。空间与时间，重复与变化的辩证统一在北京故宫中达到了最高的成就。我们要透彻地理解梁思成先生的深刻要义，深入研究好类似故宫、希腊雅典卫城这样的古代建筑文化与技术结合的营造经典案例。它们都是按照统一的标准设计逻辑建造的建筑群落。学习祖先的实践经验及智慧，在工业化建筑营造中，走出一条在"千篇一律"中实现"千变万化"，真正达到标准化和多样化全面协调、对立统一的系统性集成建造之路（图4-1-14）。

机电设备系统是具有特定功能，能满足建筑某种使用需要的机电设备、设施及管线网络的整体，本系统是结构主体之外，附属在建筑主体的填充体。其主要功能是建筑供配电、弱电智能化、建筑照明、空气调节、供暖通风、给水排水、电梯扶梯、消防系统、安防监控、雨水排放、中水利用、太阳能利用、燃气系统等。其基本属性有整体性、特异性、发展性和关联性。

装饰装修系统是保证建筑使用功能、承载物理性能，并提供建筑使用场景的填充体。本系统以主体结构的填充体形式存在，它承载着机电设备系统和人日常使用的各种需求，将装饰装修各要素整合在一起，形成具备某种使用功能的建筑形式和室内环境。分为室外装饰系统和室内装饰系统两大部分，室外装饰包括饰面系统、饰面结构系统、护栏系统、装饰部品等。主要包括墙面系统、顶棚系统、地面系统（图4-1-15）。

图4-1-14 标准化
的学校项目也可以千
变万化

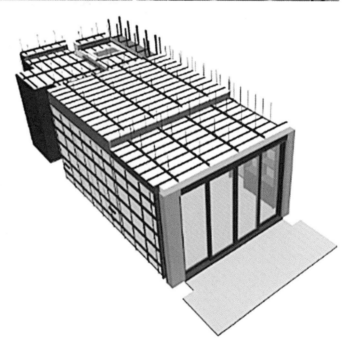

图4-1-15 会展项
目酒店客房内装系统

4.2 结构系统

工业化建筑的结构系统包括地基基础、柱、墙、梁、楼盖等子系统，有减震、隔震要求的结构系统还包括减震、隔震等子系统。主要承担的是竖向荷载和水平荷载（图4-2-1）。

1. 地基基础

建筑结构主要承担两类荷载：一类是在地球之上进行建造，因地球引力产生的重力作用而产生的竖向荷载；另一类是因为台风、地震等而产生的水平荷载。所有竖向荷载和部分水平荷载通过建筑基础传到地基，地基基础是结构系统的重要组成部分（图4-2-2）。

2. 柱

柱是结构系统中的重要组成部分，主要承担了将上部竖向荷载向下传递的功能。也可以跟墙或减震系统协同作用承担水平荷载作用。柱对结构安全非常重要，当柱受到损坏时，结构系统将破坏或倒塌。

3. 墙

结构意义上的墙，主要是指承重墙。承重墙既承受竖向荷载，也承受水平荷载，在结构系统中主要是沿着墙的长度方向承担水平荷载。主要的承重墙类型有钢筋混凝土剪力墙、砌体墙、木板组合墙和钢板剪力墙等。

4. 梁

梁是将柱连接成空间结构的重要构件，也是承担楼盖系统大部分荷载并传力至柱或梁的结构构件，梁与柱之间通过梁柱连接节点发生关联，梁与板之间通过梁板的连接节点（如混凝土后浇节点等）发生关联。需要注意的是，梁不是系统构成不可缺少的要素，在特

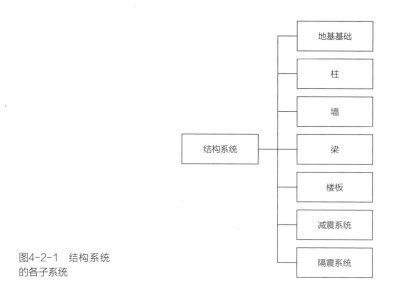

图4-2-1 结构系统
的各子系统

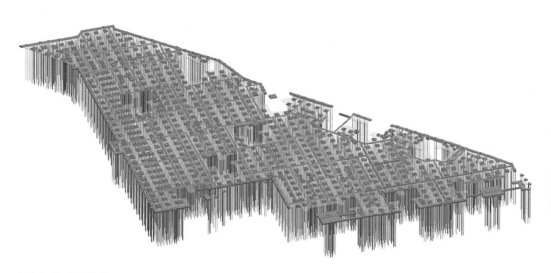

图4-2-2 项目的桩
基、承台及筏板模型

定的情况下，可以用无梁楼盖实现梁和楼盖功能的集成，从而不单独设置梁；也可以用桁架等结构构件代替，提供不同于梁柱结构的建筑空间和结构系统。共同承担楼面荷载的梁与楼板共同组成楼盖系统。

5. 楼板

支承在柱、墙或梁上，用于楼层之间的分隔，并将楼层的荷载传递到柱或墙上。通过楼板还能将柱、墙、梁等联系起来，形成板—梁—柱—墙间有效传力，共同构成能够承担水平荷载作用的空间结构体系。在结构体系中，通常将共同承担楼面荷载的楼板与主梁、次梁等，统称为楼盖系统。

6. 减震

减震系统是指具有消能减震功能的结构构件、节点和装置的整体。在地震时能适应变形，通过摩擦、变形、弹塑性、黏弹性滞回变形等消能措施来吸收地震能量，消减地震反应的作用。目前常用的消能减震装置有防屈曲支撑、防屈曲钢板剪力墙、黏滞阻力器等。减震耗能原理在传统建筑中时有应用，我国古代木结构建筑就是通过"榫卯"节点，依靠摩擦和节点变形来实现减震功能的（图4-2-3~图4-2-5）。

7. 隔震

隔震系统是具有隔离功能的装置或结构构造措施的总称，其使用原理是通过应用该系统将建筑和基础或将其上下部结构隔开，从而保证地震作用时，隔离地震波向上部结构的传递，将能量限定在隔震装置以下的范围，从而减少上部结构的地震反应，提高建筑的防震减灾能力。

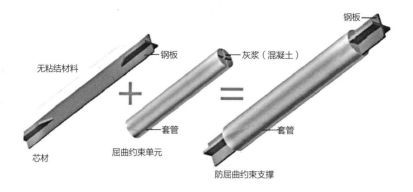

无粘结材料

钢板

灰浆（混凝土）

钢板

芯材

套管

套管

屈曲约束单元

防屈曲约束支撑

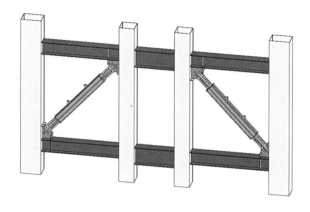

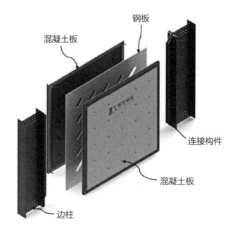

混凝土板

钢板

连接构件

混凝土板

边柱

图4-2-3 长圳项目
屈曲约束支撑的构成

图4-2-4 屈曲约束
支撑布置示意图

图4-2-5 防屈曲钢
板剪力墙的构成

4.3 围护系统

工业化建筑的围护系统由屋面、外墙、门窗、遮阳、阳台、防火墙等子系统整合而成（图4-3-1）。

1. 屋面系统

屋面位于建筑顶部，是将建筑物与自然天气环境进行划分的重要界面，是房屋遮风避雨、隔离日晒和严寒，确保建筑的物理性能满足功能需要的关键部位。古代的屋面主要满足遮风避雨和安全防护的作用，现代意义上的屋面系统是若干功能的集合体。至少包含屋盖系统、保温隔热系统、防水系统等，延展功能还包括绿植屋面系统、太阳能屋面系统、光伏屋面系统等。

2. 外墙系统

外墙环绕建筑四周，将建筑与周边环境进行分隔，让建筑具有遮风避雨、调节寒暑、防火安保等使用功能，是建筑物理环境和安全防灾保障的关键部位。外墙包括围护墙体、外（内）保温系统、幕墙系统等。

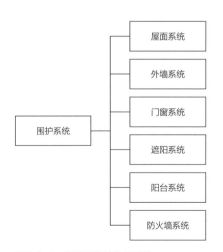

图4-3-1 围护系统的各子系统

3. 门窗系统

门是建筑围护系统实现室内与室外交通联系及人员疏散的交通通道，同时兼顾采光通风的功能。窗是室内人工的物理环境和室外的自然环境联通的通道，主要具有采光通风的功能，同时也具有观景眺望、安全防护、防火减灾等功能。一栋建筑的全部的门窗构成该建筑的门窗系统。

4. 遮阳系统

遮阳系统是一栋建筑中用于遮挡阳光的建筑构造、设施或装置的总称，它们之间具备一定的组合和关联关系，并共同满足遮挡阳光，降低直射阳光对室内、围护墙体的影响，防止直射阳光带来的炫光等。

5. 阳台系统

围护系统隔离了建筑的室内和室外，是建筑室内向室外的延伸空间。在物理环境方面，阳台空间（封闭阳台除外）是完全自然的温度、湿度、空气和光环境，但在安全性方面，阳台是一个与外界隔离，从属关系清晰的独立的安全空间，阳台是建筑围护系统的一部分。

6. 防火墙系统

为了避免火灾在建筑中蔓延，同时保护某些重要的设施设备不受到火灾的影响，在建筑中要进行防火分区的划分，防火分区通过耐火极限高达3小时的防火墙进行分隔，不同防火分区中的机电设备系统、装饰装修系统要分别通过防火阀、防火卷帘等措施进行处理，因此，在大而复杂的建筑中，适合将防火墙也作为围护系统一并考虑，便于与机电设备系统和装饰装修系统的衔接，确保建筑系统的完整性。

4.4 机电设备系统

工业化建筑的机电设备系统由给水、排水、消防、空调、采暖、强电、弱电、防雷等子系统构成（图4-4-1）。

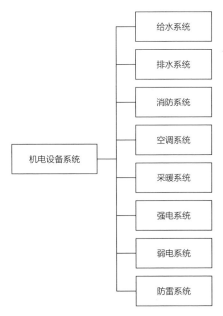

图4-4-1　机电设备系统的各子系统

1. 给水系统

建筑中的给水系统是指连接市政管网到建筑所有用水器具末端的取水、输水、配水及用水器具等管线设备设施的总体。主要满足生产、生活和消防等的用水功能，给水系统构成一个从取水点到用水点的网络，主要由水泵、管道和阀门组成。

2. 排水系统

建筑中的排水系统是指将作用在建筑上的雨水，建筑使用中产生的废水、空调冷凝水等进行收集、输送、处理及排放的构造措施、管线阀门和设备设施的总称。其主要功能是将建筑中多余的水有组织地排放到市政排水系统或中水处理系统中，避免建筑因排水不畅而造成积水、浸泡、渗漏等影响建筑使用和性能的问题，保证建筑的正常使用功能。建筑排水系统主要依靠重力和水的流体力学原理进行组织（如虹吸排水系统等），除地下室或低于市政管网的部分需要排水泵等机械提升装置外，一般均依靠重力作用自然组织排放。

3. 消防系统

建筑消防系统是多学科、跨专业、综合性的复杂系统，它包含了结构系统中结构的耐火极限问题，关联到围护系统的防火墙、防火卷帘、防火门窗等，还涉及机电设备中的给水系统、排水系统、强电系统和弱电系统等。一般建筑的消防系统包括防火分区、消火栓系统、自动喷淋系统、气体灭火系统（如果有）、通风空调、防排烟及防火阀系统、防火卷帘门及防火门控制系统、火灾事故广播及报警系统、应急电源系统、应急控制系统、消防中央控制室等。

一般建筑消防系统的工作流程为：当探测到火灾信号并确认后，中央控制室发出火灾报警信号，此时，系统自动切断报警区域内有关的空调器，关闭该区域的防火阀、换风机，关闭防火卷帘和防火门，切断非消防用电源等。同时，接通事故照明和安全疏散标志灯，开启排烟阀和排烟机，并通过中央控制室启动自动灭火系统，完成自动灭火工作。当需要消防员介入灭火工作时，消防员进入建筑，并借助消火栓系统开展灭火工作。

4. 空调系统

建筑室内环境是有别于室外环境的人工环境，需要通过机械设备等人为的方法，改变原有的建筑物理环境，提供满足功能需要的温度、湿度、洁净度和气流速度等。用于实现上述功能的室内空气处理设备的集合，构成了室内空调系统。常见的空调系统有集中式空调系统、半集中式空调系统和分布式空调系统等。集中式空调系统是将所有空气处理设备都集中在统一的空调机房内，通过风管将处理完毕后的空气送到空调房间内，使之满足室内环境要求；半集中式空调系统是在集中的空调机房内仅处理一部分空气，其余部分在空调房间内进行二次处理，如风机盘管+新风系统就是通过集中的空调机房送新风，在末端用风机盘管调节空气的温度，属于半集中式空调；分布式空调系统是将空气处理设备放置在空调房间，每个房间可以独立进行空气调节。目前常用的家用分体空调和VRV空调系统均属于此类空调系统。

5. 采暖系统

采暖系统是为了满足向室内环境提供热量的功能，以维持室内所需要的温度而设置的向室内供热的设备、设施、构造的总称。常见的采暖系统以热水为热媒，包括地暖系统和暖气片系统，地暖系统热水温度要求为低于60℃的低温热水，自地面层以上，包含保温层（兼结构层）、热水管道、分集水器、阀门、温控器等；暖气片系统包括分集水器、阀门、热水管道、暖气片、温控器等。

6. 强电系统

用于满足民用建筑各类用电设备电流和电压要求的供配电系统，一般为380V/220V，主要服务于电灯、空调、冰箱、热水器、复印机等用电设备，与此类功能相关的变配电机房、电缆桥架、计量设备、开关、电缆、插座等构成的有机整体，统称为建筑强电系统。

7. 弱电系统

建筑弱电系统主要指电视、电话、计算机、无线通信等信息的传输网络及设备设施的总称，包括有线电视系统、智能消防系统、安防监控系统、楼宇自控系统、计算机网络系统、无线WIFI系统、智能广播系统、智能停车系统等。弱电系统目前是比较个性化的选项，不同功能的建筑、不同时期建造、不同的使用者和不同的业主，需配置的弱电系统可能不同。

8. 防雷系统

为了减少或避免雷击造成人身伤害、建筑损害和财产损失，而在建筑物或构筑物中布置的设备、设施及构造的总称，它们共同承担了建筑防雷的功能。

4.5 装饰装修系统

工业化建筑的装饰装修系统由室内装饰系统和室外装饰系统构成。室内装饰系统包括墙面系统、吊顶系统、地面系统、软装系统、固定家具系统、功能设施系统等；室外装饰系统包括饰面系统、饰面结构系统、护栏系统、装饰部品等（图4-5-1）。

1. 室内装饰系统

（1）墙面系统

建筑室内墙体的表面所采用的材料、做法、构造，整体构成内装的墙面系统。与传统建筑抹灰找平、外面刷涂料或贴饰面材料的做法不同，工业化建筑的墙面系统通常采用以下几种做法：①免抹灰，直接刮腻子外刷乳胶漆饰面做法。②龙骨外挂一体化装饰板墙面做法。③龙骨外挂天然石材饰面做法。④轻钢龙骨石膏板外刮腻子+饰面做法等。

（2）顶棚系统

建筑室内顶棚采用的材料、做法和构造措施等，整体构成建筑顶棚系统。顶棚系统做法很多，总的来说，分为有吊顶和无吊顶两大类，有吊顶的顶棚也可称为吊顶系统，吊顶可以兼有保温、隔

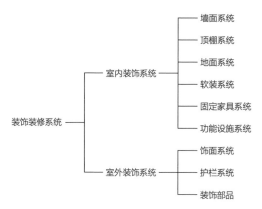

图4-5-1　装饰装修系统的各子系统

热、隔声、吸声等功能，还能遮蔽室内各类外露的设备、设施、管线等不希望外露的选项。以美化环境，营造舒适宜人的室内环境空间；无吊顶的顶棚做法也比较常见，可以通过局部吊顶将外露机电设备及管线网络遮蔽，其余部分直接在楼板下免抹灰进行装饰。

（3）地面系统

建筑内部楼层表面的铺装层及其基层的整体，统称为建筑地面系统。地面系统由基层和面层两大部分构成，基层根据做法不同会有不同层次，一般的地面基层包括结构层、找平层、垫层等，有时也包括管道层。工业化建筑的地面系统有别于传统大量水泥砂浆垫层做法，提倡少用湿作业、多用免垫层的高精度地面做法。当需要在地面铺设管线时，也可以采用架空地面系统。

（4）软装系统

软装是室内环境中可以移动的家具、墙面装饰品、摆件、花饰、绿植、窗帘、布艺、灯饰等用于营造室内环境氛围、满足审美需要的所有要素的总称。软装系统不同于其他装饰系统，其他系统类似于人体的骨骼和肌肤，一旦定型，很难改变。而软装相当于皮肤外面的化妆，可以通过后期的处理，在一定时间内达到某种艺术效果，这种效果是可以变化的，可以根据使用者的爱好彰显个性、表现风格、寓意思想等。软装可以完全体现个性化，可以随时更换，通过变更不同的软装元素，更换不同的色系，选择不同风格的沙发、床罩、窗帘、挂毯、挂画、摆件、绿植等，考虑住户的个性化需求，满足不同的使用场景，采取不同的排列组合，提供不同的软装风格或是创造一种新的风格。目前已经形成了若干较为成熟的软装风格，如：自然主义、乡村风格、东南亚风格、新古典主义、现代简约、地中海风格、中式风格、新中式风格、日式风格、混搭风格、波普风格等。

新建建筑的硬装与软装风格应该一体化确定，应在设计前期阶段就统一确定两者的风格，一体化设计施工，更加能体现软装对室内环境氛围的控制。当在已经完成的硬装环境中，用一个新的软装系统来替换原来的软装，则不需硬软装一体化推进。但此类需求要硬装的风格特征不太突出、明显。

（5）固定家具系统

建筑中为了满足某些特定的功能，与建筑墙体、设备设施等结合在一起，不能移动的家具，叫作固定家具。若干固定家具结合装修在建筑中形成的满足某些使用功能的整体，叫作固定家具系统。比如，在工业化住宅中，会存在一些与入口玄关结合的收纳家具、厨房整体橱柜、卫生间的盥洗柜、阳台的洗衣柜和卧室内的吊柜等，形成了工业化住宅的固定家具系统。

（6）功能设施系统

建筑中具备某些特别的使用功能，而且与室内装饰关系较为紧密的非机电设备类的建筑设施的整体称为功能设施系统。比如机场建筑中与空调送风口结合，带有装饰性的送风塔；住宅卫生间内的抽水马桶；阳台上带装饰性的固定花池等。

2. 室外装饰系统

（1）饰面系统

在建筑外墙表面覆盖的装饰材料、做法和构造的整体，主要是建筑直接暴露在自然之中，承受风吹、日晒、雨淋、冻融等作用，既保护建筑本体，又具备建筑美学价值等的材料和做法的整体。建筑常用的饰面系统包括玻璃幕墙、金属幕墙、陶板幕墙、石材幕墙、多材料组合单元式幕墙、PC外挂装饰一体化墙板、轻钢龙骨外挂饰面外墙、PC承重装饰一体外墙、GRC外挂装饰一体化墙板、清水混凝土外墙、清水砖外墙、面砖装饰外墙、真石漆涂料装饰外墙、乳胶漆涂料装饰外墙、免抹灰涂料外墙等。他们之间相对独立自成系统，同时相互协调、整合、组合成千变万化、多姿多彩的建筑外观效果。

（2）护栏系统

护栏系统是在建筑中具有防护作用，起到防护功能的材料、部件、做法的整体。主要包括阳台、窗户、屋顶、临边洞口、围墙分界等具有防护功能的栏杆、围网、栏板等。建筑护栏系统兼有防护作用，并有建筑美学及与建筑主体间风格协调性的要求。

（3）装饰部品

在建筑外墙表面，跟其他部分配合协调，专门为了达到某种装饰功能而配置的部件或构件。比如，住宅中常用的空调外百叶，不具有防护功能，仅为遮挡空调机及其管线，并达到某种装饰效果而设置。此类部件统称装饰部品。

4.6　系统集成设计

建筑系统要素之间具有关联性，建筑系统集成设计的主要作用是研究系统各要素间的相互关系，并将各系统要素整合为一个完整的建筑产品，需要借助标准化设计来实现关联性。

研究构成建筑系统的结构、围护、机电、内装四大子系统之间的关系，不难发现，标准化设计就是将四大子系统及其关联系统整合为整体的关键。标准化设计通过研究并确定各大系统要素间的几何关联性、流程关联性和控制关联性，并使之统一在一个整合的建筑中。但标准化设计不是仅仅停留在项目层面，也不仅仅停留在不变的立面、平面、模数的层面上，工业化建筑系统要实现标准化，达到通过标准化提高效率、降低成本，同时不降低建设标准和品质的目标，需要全方位地研究标准化。一般意义上的标准化包括：标准化的几何关联性、流程关联性和控制关联性等。

1. 几何关联性

为了形成各系统要素之间的空间定位关系，我们需要构建起能协调各空间定位关系的几何定位系统。常规意义上的几何定位系统就是我们常用的模数空间，模数空间是由$X+Y+Z$三个方向上的尺寸关系构成，由于它是一个三维概念上的具有一定数列关系的尺寸网络，因此，我们也叫它模数空间网格。复杂意义上的几何定位系统就是目前比较流行的"参数化设计"常用的参数化空间网格系统，它是由若干有三维空间定位属性的点及其几何算法控制的空间网格，其本质还是空间几何定位系统。有别于模数空间网格之处在于，它的几何关系是由复杂的算法生成的，不易被人理解和执行，但容易被机器理解和执行。模数空间网格也有数学关系，但其关系简单、直接，既容易被人理解和执行，也容易被机器执行。

大部分工业化建筑基本上采用模数空间网格作为其几何控制系统。X、Y方向一般代表平面模数网格，Z方向垂直于地心，一般代表剖面或高度方向的模数网格。

2. 流程关联性

标准化设计不仅约定统一的几何空间定位关系，而且还要统一各系统要素的管理流程及设计、制造、装配的时间和空间顺序。比如，传统施工流程要等待图纸完成后，先施工结构，结构验收后再施工围护系统，工作面交接后再进行机电设备安装，最后内装施工，每一个环节之间都有明显的界限。都需要完成第一个环节，交接清楚后再开展下一个环节的工作。

而工业化建造方式不同于传统施工，其标准流程变为在设计阶段，造价工程师、生产工程师和施工工程师就要先期介入，对设计提出经济、制造、施工方面的优化完善的意见，甚至共同完成设计，设计成果完成并经确认后，各系统的结构构件、机电设备和装修部品均可以同时进行采购并委托加工制造，然后按照计划约定的时间运至现场装配施工。施工的流程也不同于传统串联式的方式，变为结构、围护、机电、装修穿插作业的并联"总装"方式。将流程最优化并标准化，就能定义各系统的标准流程。

3. 控制关联性

系统要素间存在控制和被控制的关联关系，因此，也会存在相互通信的关联关系。比如属于空调系统的水冷机组，需要接受空调末端的温度或开关指令，通过弱电系统将信息传到前端开关，通过开关，接通强电系统，实现机组的开、关、高功率输出或低功率输出的不同应用场景。标准化设计需要通过统一信息接口、统一通信标准和约定关联关系等手段，实现系统各要素之间的控制和协同联动。

标准化设计是工业化建筑结构、围护、机电和内装四大系统及其若干子系统间建立关联关系，实现系统整合的目标，并成为一个复杂系统的基本集成设计方法。该方法需要三大控制系统来保证系统的整体性：其一是整体的几何控制系统；其二是流程控制系统；其三是交互控制系统。过去，我们习惯于将标准化设计等同于模数标准化，以几何尺寸的标准化作为标准化设计的标准，而忽略了流程标准化和接口标准化的工作，导致标准化设计始终停留在图纸层面，需要向实用方向进一步延展。

案例分析

5.1 长圳公共住房及其附属工程项目案例

长圳公共住宅及其配套工程项目又名"深圳凤凰英荟城"（简称"长圳项目"），位于深圳市光明区凤凰街道光侨路与科裕路交汇处东侧，项目概算总投资57.97亿元，用地17.7hm²，总建筑面积116.44万m²。其中：住宅建筑面积81万m²，商业建筑6.5万m²，公共配套设施3.2万m²。该项目计划于2021年下半年建成，提供公共住房9672套。项目建设目标是：秉持"以人为本的高质量发展"理念，改变过去"保障房=低端住房"的低标准，以国际一流标准建设高品质住宅，由"住有所居"向"住有宜居"提升，打造建设领域新时代践行发展新理念的城市建设新标杆。为此，深圳市政府主动进行管理模式和建造方式的创新，在管理模式上，采用建筑师负责制+带方案的EPC工程总承包+全过程工程咨询模式，突出了责任主体、监督主体和实施主体。并将通过科技创新实现建造方式的根本性变革作为本项目突出引领性和先导性的关键一招，放在非常突出的地位上。在建筑系统性集成建造、一体化标准化设计实践、数字化设计智能生产和智慧施工等方面取得了很多创新成果，成为引领行业工业化、一体化、数字化转型的样板（图5-1-1、图5-1-2）。

长圳项目集成应用了国家重点研发计划"绿色建筑及建筑工业化"重点专项中的若干项关键技术研究成果，通过集成创新，进行示范应用，下面选取其中的4项做典型描述：

（1）工业化建筑设计关键技术方面，形成并实践了工业化建筑一体化标准化设计方法。

创新研发了平面标准化、立面标准化、构件标准化、部品标准化的"四个标准化"设计方法。所谓平面标准化，简言之就是"有限模块 无限生长"，意思是通过制定大空间可变、结构可变、模数协调和组合多样等规则，解决了平面标准化和建筑适应性的对立统一问题；所谓立面标准化，意指"标准化和多样化的统一协调"，形

图5-1-1 长圳项目
鸟瞰效果图

图5-1-2 长圳项目
建造工地

成了立面要素标准化和组合多样化的设计方法，解决了工业化建筑立面呆板、千篇一律的问题；所谓构件标准化，也就是过去我们讲的"少规格、多组合"，形成了构件标准化的设计方法，满足了工业化、规模化生产的需要，解决了设计不能满足工厂生产和现场装配需求的问题。部品标准化则创新性地提出了"模块化、精细化"的设计方法，回答了模块化内装部品如何进行标准化、精细化设计的难题，解决了内装部品如何让居住者有获得感，提升品质的问题（图5-1-3、图5-1-4）。

（2）BIM及建筑信息化方面，形成了BIM一体化协同设计关键技术。

通过建立企业私有云，推进"全员、全过程、全专业"的"三全BIM"应用，引入制造业的理念，在设计阶段就让工厂工程师和施工装配工程师参与设计，以平台化、软件化、流程化的模式，形成全员共享、共建、共同确认的数字孪生建筑。解决了下列三个关键问题：

①通过平台实现建筑全生命周期各个阶段、各个参与方的在线实时工作协同。

②通过平台实现BIM设计成果的互联网化，解决不同BIM设计软件接口标准、数据标准不统一，兼容性差的问题。

③通过平台实现各专业间数据接口开放，解决各专业、各工作阶段数据单项流动，不能实现数据交互的问题。

（3）绿色建筑方面，集成示范了基于多变量耦合的通风净化模拟辅助设计技术。

基于多变量耦合的通风净化模拟辅助设计技术，是国家重点研发计划项目"居住建筑室内通风策略与室内空气质量营造（2016YFC0700500）"的研究成果，从不同角度对设计方案的效果进行模拟优化，建立基于通风模拟技术的住宅通风净化系统设计技

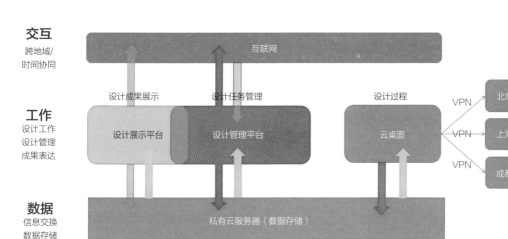

图5-1-3 平台三层系统框架

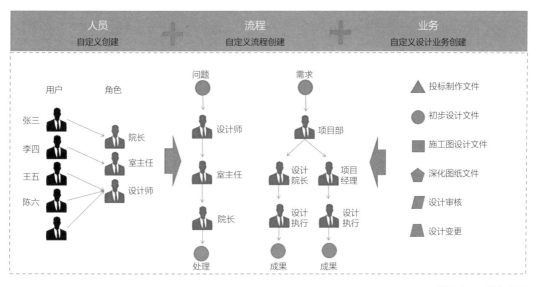

图5-1-4 平台协同工作组织架构

术。综合考虑室内布局、自然通风器、机械通风系统、净化系统等因素，提出经济合理且容易实施的设计方法和应用技术（图5-1-5~图5-1-7）。

5.2 双面叠合剪力墙结构住宅体系（10号楼）案例

深圳市长圳公共住房及其附属工程10号楼，塔楼高度是103.05m，其中地下有2层，地上有36层，层高2.8m，是深圳市第一个将双面叠合剪力墙进行工程实践的项目，也是目前在建全国最高的双面叠合剪力墙结构工程。采用预制凸窗、预制预应力叠合板、预制楼梯、预制阳台板、预制双面叠合剪力墙、预制外墙等预制构件，装配式建筑评价指标达到国家装配式建筑评价标AA级（图5-2-1）。

1. 总体建构
本项目属于钢筋混凝土结构装配式住宅产品体系设计研究成果之一，由结构系统、围护系统、机电设备系统和装饰装修系统构成（图5-2-2）。

2. 结构系统
由地基基础、柱、墙、梁、楼板等构成。

（1）地基基础：
采用旋挖灌注桩基础，桩径1200mm，持力层为微风化混合花岗岩（图5-2-3）。

（2）柱：
钢筋混凝土剪力墙结构，无柱。

（3）墙：
双面叠合剪力墙，在7度区，80m以下，其外墙和内墙均可以采

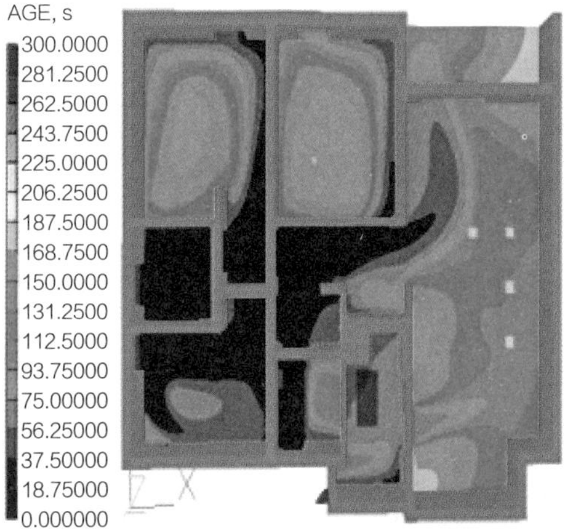

AGE, s

300.0000
281.2500
262.5000
243.7500
225.0000
206.2500
187.5000
168.7500
150.0000
131.2500
112.5000
93.75000
75.00000
56.25000
37.50000
18.75000
0.000000

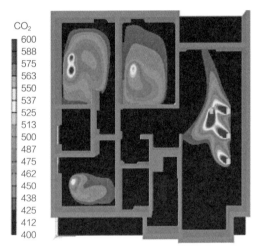

CO₂

600
588
575
563
550
537
525
513
500
487
475
462
450
438
425
412
400

PM2.5

400
375
350
325
300
275
250
225
200
175
150
125
100
75
50
25
0

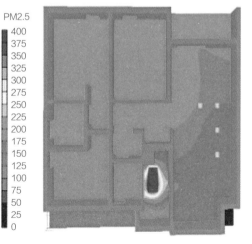

图5-1-5 室内空气
龄分布图
图5-1-6 室内CO₂
分布图
图5-1-7 室内PM2.5
分布图

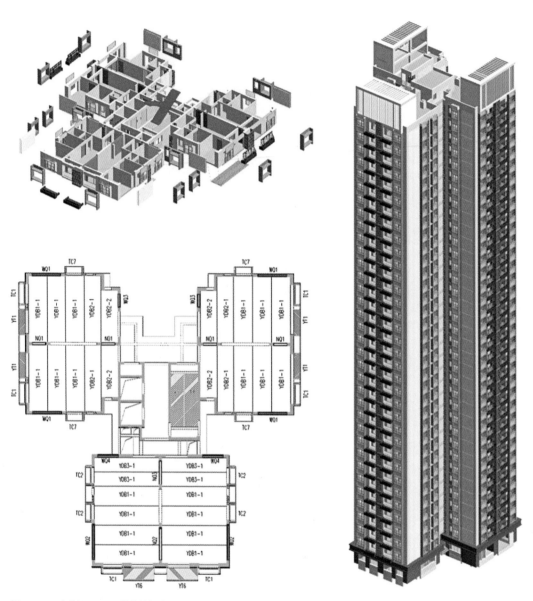

图5-2-1 长圳项目10号楼构件组合、BIM示意

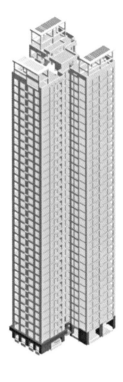

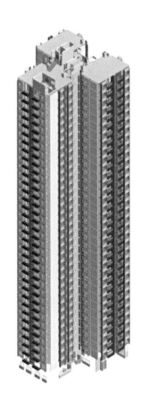

图5-2-2　10号楼的结构系统、维护系统、机电及装饰装修系统

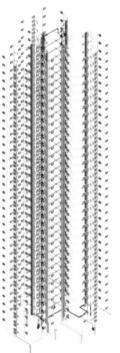

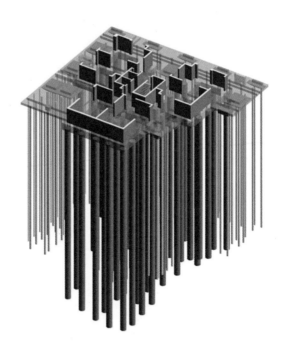

图5-2-3　本项目地
基基础模型

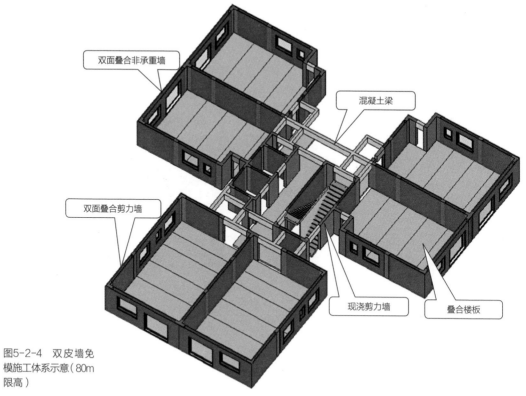

图5-2-4　双皮墙免
模施工体系示意（80m
限高）

用，由于其拼装方式为墙墙拼接，所以可以做到"免模施工"，浇筑后的墙体精度高，平整性好，可以"免抹灰"装修，故大大降低了现场的人工作业工程量（图5-2-4）。

本建筑结构高度103.05m，不能完全用上述免模体系技术，再加上华南地区居民习惯于凸窗的形式，因此，我们集成设计了以边缘构件现浇+预制凸窗+双面叠合剪力墙共同构成的"少模施工免抹灰工业化住宅产品体系"，其精度、平整性和免抹灰程度均等同于"免模体系"，现场支模工作量大于前者，但少于全铝膜施工方式（图5-2-5）。

（4）梁：
采用部分预制的叠合梁，梁与墙、铝膜及预制叠合楼板结合，实现梁、墙、板一体化浇筑（图5-2-6）。

（5）楼板：
采用预应力带肋叠合板+局部铝膜现浇楼板系统。

预制预应力带肋叠合板由底板和板面反肋组成。标准预应力带肋叠合板标志跨度6400mm，宽度1600mm，底板厚度50mm，肋高70mm，混凝土强度等级C40。板底设11根消除应力螺旋肋钢丝，其抗拉强度标准值为1570N/mm^2，垂直预应力方向另设普通分布钢筋（图5-2-7）。

（6）墙、梁、楼板间的关联关系：
本体系通过墙的插筋、连梁钢筋、预应力带肋叠合楼板的板端钢筋，实现墙梁板整体受力；在结构受力计算不需要的部位或门窗洞口的位置，布置相关预留预埋；连梁通过铝膜进行现浇，梁和预应力带肋叠合楼板之间通过后浇混凝土，以叠合板为底模，后浇混凝土与梁、墙之间组合为一个完整的结构系统（图5-2-8）。

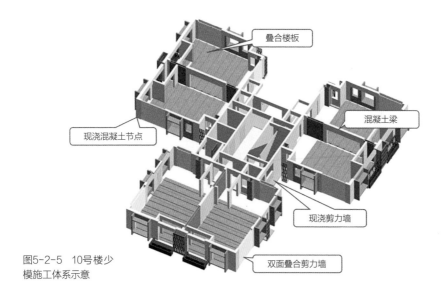

叠合楼板

混凝土梁

现浇混凝土节点

现浇剪力墙

图5-2-5 10号楼少
模施工体系示意

双面叠合剪力墙

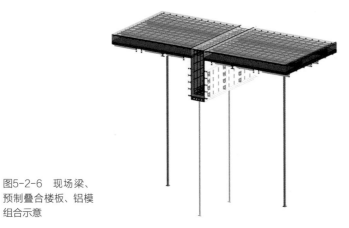

图5-2-6 现场梁、
预制叠合楼板、铝模
组合示意

图5-2-7 预应力带
肋叠合楼板模型

3. 围护系统

本体系的围护系统由屋面、外墙、门窗、遮阳、阳台、防火墙等构成。

（1）屋面：

屋面采用带种植构造的保温隔热一体化上人屋面系统（图5-2-9）。

（2）外墙：

外墙系统采用预制双面叠合剪力墙和标准化的铝膜现浇节点相结合（图5-2-10）。

（3）门窗：

外门窗采用铝合金门窗系统，外门采用95系列铝合金推拉门，外窗采用70系列铝合金平开窗，玻璃采用Low-E6+12A+6中空玻璃。公区采用钢制防火门，户内门采用复合木门（图5-2-11）。

（4）遮阳：

遮阳系统采用透空铝合金冲孔板和水平遮阳，经计算，水平垂直组合式遮阳与30%~40%穿孔率的透空铝合金冲孔板组合，满足节能设计要求（图5-2-12）。

（5）阳台：

采用带花池的预制阳台，结合"h"形预制栏杆，保证了花池种植的安全性和便利性，提升了空间品质（图5-2-13）。

（6）防火墙：

采用ALC条板墙系统，分户墙及防火要求的隔墙，满足耐火极限不小于2h，满足隔声性能大于45dB（图5-2-14）。

图5-2-8 10号楼墙、梁、板连接节点图

图5-2-9 带种植构造的保温隔热一体化上人屋面系统

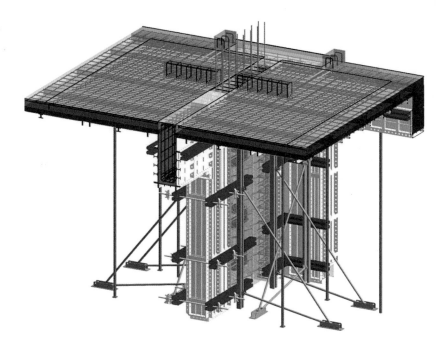

植被层
可选择各种大地花园中的植物

种植层
依据植物的不同配比不同的土壤

过滤层
承载土壤，保护蓄排水系统

蓄排水层
蓄积水分，排出多余的水分

保湿层
提供干旱时所需要的水分

隔根层
阻隔根系向下生长，保护建筑面

防渗漏层
防止多余水分渗漏，破坏原建筑顶

结构屋面

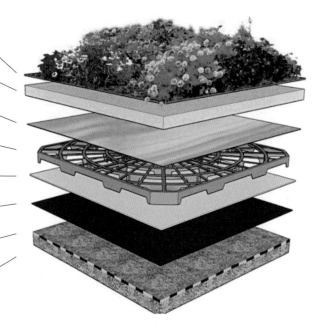

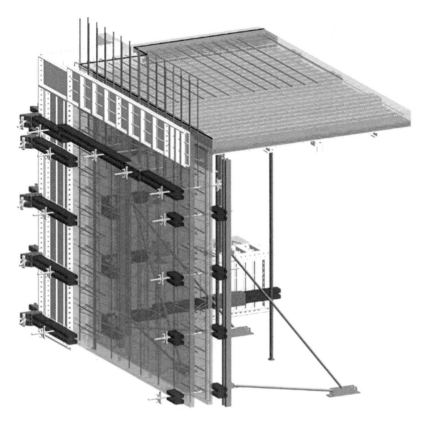

图5-2-10 双面叠合剪力外墙系统

图5-2-11 铝合金外窗系统组合

图5-2-12 遮阳及
护栏一体化外窗系统

图5-2-13 带花池外挑阳台系统

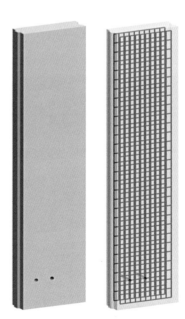

图5-2-14 ALC条板防火墙系统

（7）围护系统及其各子系统之间的关联关系：

通过女儿墙与屋面楼板围合，形成闭合的屋顶系统（图5-2-15）。

外墙和阳台之间，通过板式悬挑板（板式阳台）进行连接（图5-2-16）。

4. 机电设备系统

本项目的机电设备系统采用了与主体结构分离，并与室内装修一体化布置的做法，统筹进行管线排布及综合（图5-2-17）。

（1）给水系统：

在外墙统一设置管道，给水立管为薄壁不锈钢管，在每层走道窗户下方的墙体上设水表箱，楼层水平给水横管采用穿梁设计板底敷设，从厨房位置入户后，设分户给水总阀门，经分户阀门后将水送至户内各用水点（图5-2-18）。

（2）排水系统：

针对华南地区卫生间给水排水均可在室外布置的特点，卫生间排水创新性地设计了不降板的同层排水系统，即采用超薄侧向出水口地漏，排水横支管敷设在本层叠合楼板现浇层里，满足排水管和地漏安装的尺寸和坡度要求，排水立管和存水弯外置，卫生间地坪采取可靠的防渗漏措施。此种排水管设置方式产权明晰、排水噪声小、施工安装方便、易维护，使用中由于没有降板，避免了沉箱式同层排水面层渗漏造成沉箱积水，进而导致卫生间长期隐性渗漏的质量通病（图5-2-19）。

（3）消防系统：

消火栓均暗装布置，附近设置消防管道。地下室与建筑最高层消防管线形成系统环网，保证消防供水（图5-2-20）。

图5-2-15 10号楼
女儿墙连接节点

图5-2-16 双面叠
合墙板外挑阳台连接
节点

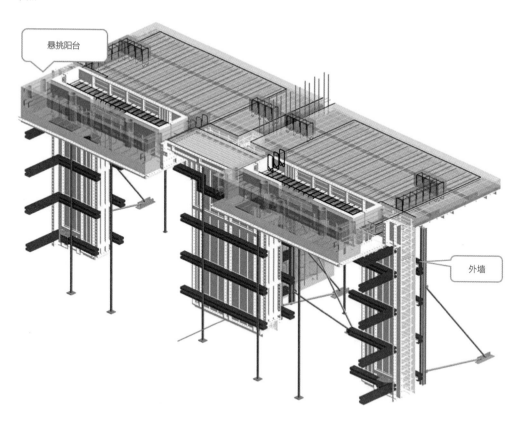

悬挑阳台

外墙

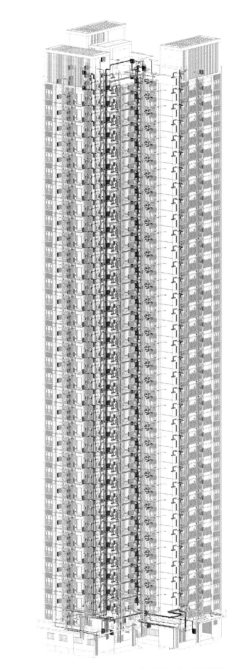

图5-2-17　10号楼机电管线系统整体模型

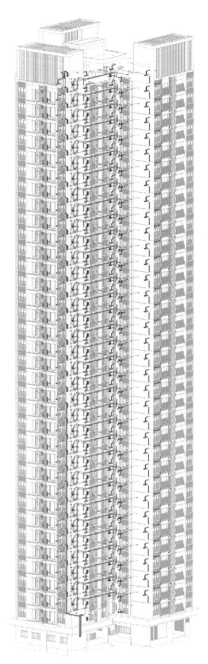

图5-2-18　标准层给水系统模型

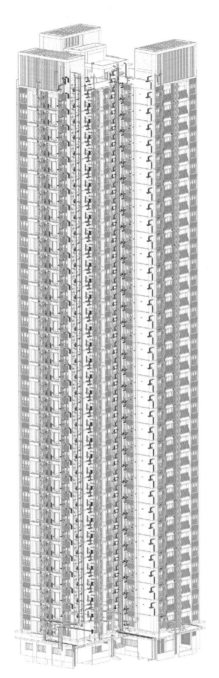

图5-2-19 标准层排水系统模型

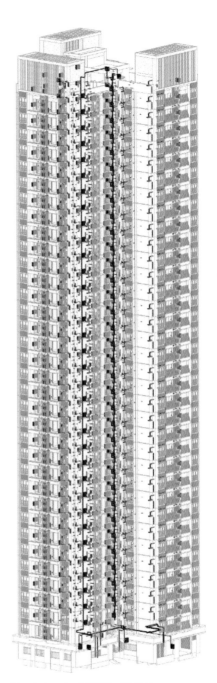

图5-2-20 标准层消防系统模型

（4）空调系统：

本项目为住宅建筑，卧室、客厅分别设置分体空调，空调室外机结合阳台和空调板布置（图5-2-21）。

（5）采暖系统：

由于处于夏热冬暖地区，本项目无采暖。

（6）强电系统：

本工程合理设置电气竖井，每二至三层设置电表箱，分户计量；竖向管线集中设置在电气管井内，沿桥架敷设；水平方向上在吊顶内敷设（图5-2-22）。

（7）弱电系统：

本工程采用光纤系统搭载整个弱电系统，含电视、网络、电话、可视对讲、视频监控等，使弱电系统高效、安全运行。每户分别设置家居弱电箱，户内点位结合精装设计，管线竖向集中设置，水平均敷设于吊顶或装饰保温层内（图5-2-23）。

（8）防雷系统：

本工程优先利用现浇剪力墙内的主筋通长连接作为接闪引下线，引下线间距均不大于18m。通过结构现浇层内的钢筋、结构圈梁内的钢筋与竖向引下线可靠连接，使预制构件与主体建筑形成有效的等电位连接（图5-2-24）。

5. 装饰装修系统

（1）室内装饰系统：

本室内装饰系统包括墙体系统、墙面系统、吊顶系统、地面系统、软装系统、固定家具系统、厨房系统、卫浴系统等（图5-2-25）。

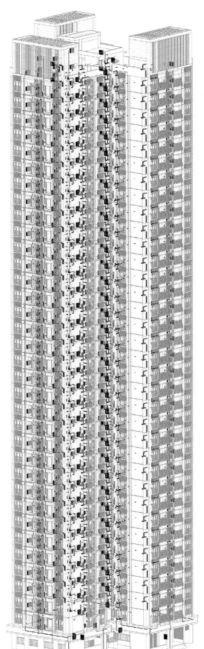

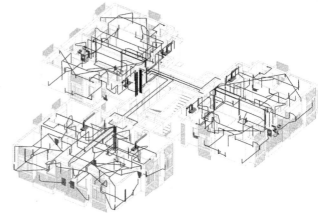

图5-2-22 强电系统整体模型

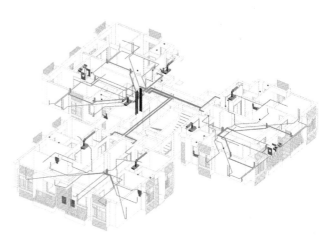

图5-2-23 弱电系统整体模型

图5-2-21 标准层空调系统模型

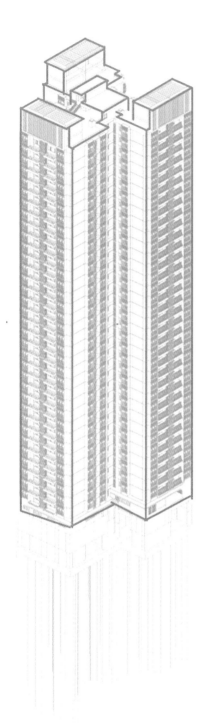

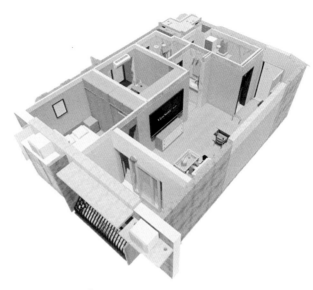

图5-2-25　65m^{2}户型装饰装修系统模型

图5-2-26　墙体及墙面系统局部模型

图5-2-24　防雷系统整体模型

（2）墙体系统：

采用轻钢龙骨+硅酸钙覆膜装饰一体板，内部填充环保玻璃棉（容重80kg/m³，尼龙膜封装）。机电管线与轻钢龙骨固定，在需要吊挂重物及安装挂钩位置，宜采用10厚大芯板做加强背板（图5-2-26）。

（3）墙面系统：

采用快装墙面系统，主材为工厂生产的硅酸钙覆膜装饰一体板，覆膜饰面随工程选择确定，厨房和卫浴部分需选用防水且易于清洁的覆膜（图5-2-26）。

（4）吊顶系统：

采用石膏板吊顶，LED灯照明（图5-2-27）。

（5）地面系统：

阳台、厨房、卫浴采用300×300通体瓷砖铺地做法，垫层厚度最厚处50mm，有地漏的房间需向地漏找坡1%。其他房间及部位采用强化复合地板地面，垫层厚度50mm（图5-2-28）。

（6）软装系统：

本项目不做软装系统，由住户自理。

（7）固定家具系统：

根据合同要求，本固定家具系统包括吊柜、玄关柜、橱柜、盥洗台柜等（图5-2-29）。

（8）功能设施系统：

根据合同要求，本功能设施系统包括灶台、抽油烟机、燃气热水器、淋浴花洒、抽水马桶、盥洗池等（图5-2-29）。

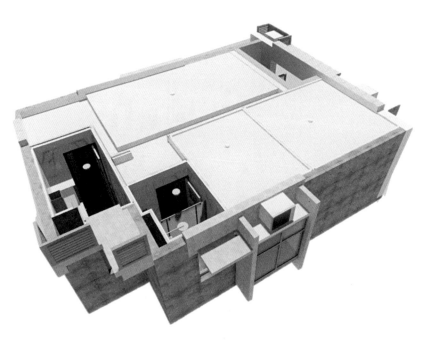

图5-2-27　户内吊顶模型

图5-2-28　卫生间地面系统

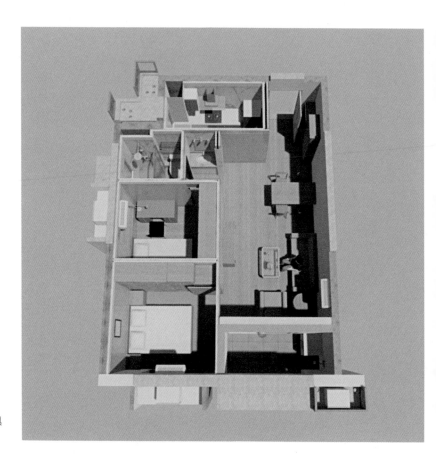

图5-2-29　固定家具
及配套设施

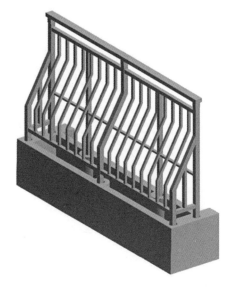

图5-2-30　与花池配
套的护栏系统

（9）室外装饰系统：

室外装饰系统包括饰面、护栏和装饰部品几大部分。

（10）饰面系统：

本项目饰面系统主要采用铝膜现浇外墙、免抹灰做法，底部采用真石漆，上部采用质感涂料，颜色选型以米黄系列为主。

（11）护栏系统：

本项目阳台和外走廊护栏系统为装配式镀锌钢管组合栏杆，表面采用氟碳烤漆，外廊采用"1"字形。阳台栏杆创新研发并应用了与阳台种植花池配套的"h"形透绿型专用阳台种植栏杆（专利号201922242472.9）（图5-2-30）。

（12）装饰部品：

空调机位及管线，采用铝合金百叶和造型百叶做遮蔽，美化外观效果。

6. 系统集成设计

（1）几何关联性：

传统的建筑设计，习惯于将机电管线预埋在结构中，其与结构间的关联性是被结构包裹的关系，在使用过程中，存在两个方面的问题：一是当机电管线发生变化时，无法对结构进行相应的变化；二是机电设备的使用寿命一般在20年左右，而结构使用寿命设计为50年，实际可达100年，当机电设备的使用时间达到使用寿命时，结构无法适应新换机电系统的需求。从建筑全生命期的使用来看，这种关联关系不是最优的选项。因此，我们需要采用机电管线和主体结构分离技术，来建立机电设备管线和结构的关联性。本产品体系从管线的使用寿命和主体结构的差异、管线的检修更换、减少构件上的预留预埋三个方面考虑出发，将管线与主体结构尽可能分离，增强结构的整体性能。结合机电系统和内装系统的特点，采用

"竖向集中、水平分离"的原则进行设计，避免机电管线穿越主体结构，与内装相结合的暗敷体系设计做法。机电与内装的标准化接口设计，以及机电管线干法装配施工技术（图5-2-31）。

机电系统与结构和围护系统之间，通过吊顶和龙骨墙体等形成的非模数空间进行连接（图5-2-32）。

住宅标准层给水、排水、强电、弱电系统之间，通过管线综合设计，结合墙体预留洞进行连接（图5-2-33、图5-2-34）。

（2）流程关联性：
本项目的双面叠合剪力墙是采用德国进口的智能化生产设备进行生产的，其生产流程如下（图5-2-35）：

1）流程一（第一块叠合墙）：
①将数字设计生成的数字模型轻量化上传智能建造平台；
②工厂计算机接受任务指令，读取平台中的模型信息；
③摆模机械手抓取边模，摆放模具；
④钢筋焊接机械手焊接钢筋网片；
⑤钢筋摆放机械手将钢筋网片和桁架钢筋摆放入模具；
⑥浇筑混凝土，按规定振捣后送入养护窑养护；
⑦放置上层钢筋网片，钢筋网与桁架筋绑扎固定；
⑧绑扎完的叠合板上到翻转机，固定并翻转180°。

2）流程二（第二块叠合墙准备）：
①另一块板开始生产，摆模机械手摆放模具；
②将模台滑动到翻转机正下方，与上一块叠合板正对。

3）流程三（合成叠合墙）：
①混凝土浇筑机浇筑混凝土入模振捣；

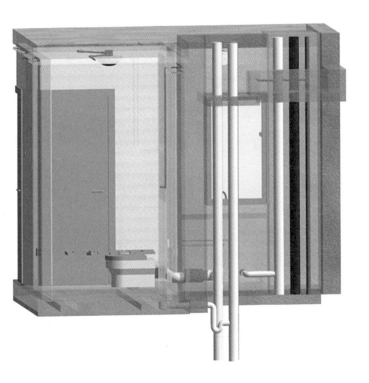

图5-2-31 机电管线
与结构关联关系图

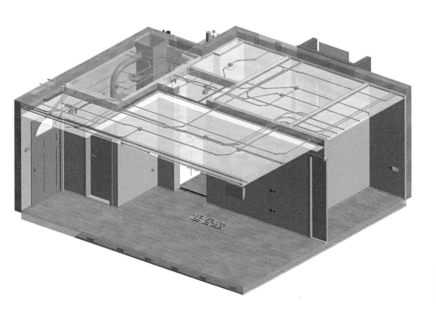

图5-2-32 吊顶、龙
骨墙体非模数空间示
意图

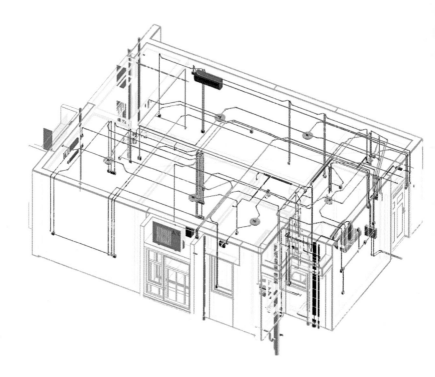

图5-2-33 标准户型
管线模型

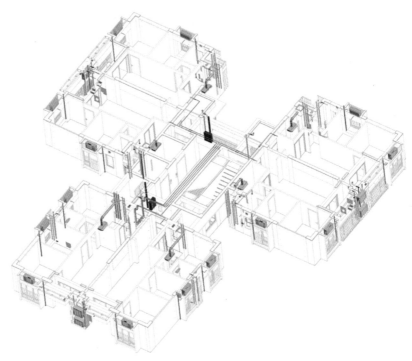

图5-2-34 标准层管
线模型

1. 上传智慧建造平台	2. 接受任务命令	3. 生产命令
4. 机械手抓取边模	5. 放置边模	6. 焊接钢筋网片
7. 放置钢筋网片	8. 布料机布料，振捣	9. 一次养护
10. 翻转叠合，振捣	11. 二次养护	12. 成品出池
13. 成品起吊	14. 成品外运	15. 清扫模台

图5-2-35 双面叠合剪力墙生产流程示意图

②翻转机上叠合板下降，钢筋网片插入混凝土；

③振捣；

④送入养护窑养护；

⑤养护完成，脱模，运输至存放区存放。

（3）控制关联性：

对系统的控制，不仅仅只是机电系统之间的关联，还包括结构系统内部子系统之间的因果关联、协同优化和整体统筹的关系。本项目通过分水器和分电器的使用，对机电系统各部分控制关联关系进行了优化。同时，还通过结构边缘构件的现浇节点及其组合关系进行优化，确保在保证结构安全前提下的装配逻辑及其构件组合最优。

首先是分水器和分电器的应用：

10号楼采用分水器设计技术，可用于各层的配水，单管多路使用，布置紧凑，可避免过多地安装三通四通管件，可极大地节约施工时间，提高效率，并可减少水头损失。

采用分电器（导线连接器），可将建筑电气低压配电分支（末端）线路接续、分线、T接。减少了布管的工程量，提高了工效、降低了劳动强度。

其次是边缘构件的抗震设计控制：

双面叠合剪力墙边缘构件内的配筋及构造要求，应符合国家现行标准《建筑抗震设计规范》GB 50011和《高层建筑混凝土结构技术规程》JGJ 3的有关规定。边缘构件（图5-2-36）宜全部采用后浇混凝土，并在后浇段内设置封闭箍筋。通过边缘构件的抗震设计控制，保证了结构抗震安全性，并集成了本体系减少模具使用、浇

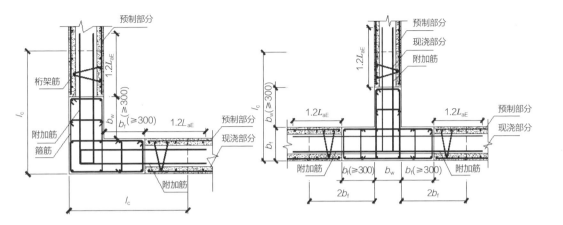

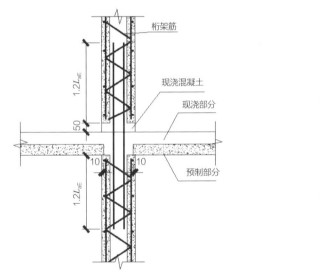

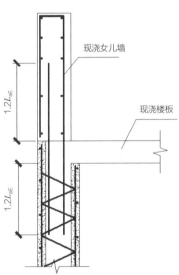

图5-2-36　双面叠合
剪力墙构造做法

筑精度高、免抹灰的优势，体现了预制构件与现浇节点间的关联性优化。

5.3 钢和混凝土组合结构装配式学校建筑体系案例

实验学校龙岗校区项目案例

实验学校扩建工程设计施工一体化项目，是深圳实验学校坂田新校区，位于深圳市龙岗区，龙颈坳路北侧、旺北路东侧，华美西路南侧，区域干道网络发达，对外联系较为便捷。本项目为54班现状小学，配建24班初级中学，形成78班规模九年一贯制学校。总用地面积为12236.2m²，总建筑面积为59113m²，包含1栋教学综合楼和连接新老校区的运动平台（跨越市政路）（图5-3-1）。

本项目预制构件包括预制混凝土柱、型钢梁、预制叠合板、预制空调板、预制楼梯、预制内（外）墙条板。

1. 总体建构

本项目属于中小学校建筑系列，装配式钢和混凝土组合结构建筑技术体系类别的建筑产品。其结构系统、围护系统、机电设备系统和装饰装修系统由装配式钢和混凝土组合结构系统+预制ALC加气混凝土条板外墙+机电设备与结构分离+一体化内装系统构成。

2. 结构系统

本体系的结构系统由地基基础、柱、墙、梁、楼板构成（图5-3-2、图5-3-3）。

（1）地基基础：

采用预制预应力管桩基础和天然基础。其中地下二层采用预制预应力管桩基础，管桩型号PHC-500-AB-125，地下一层为天然基

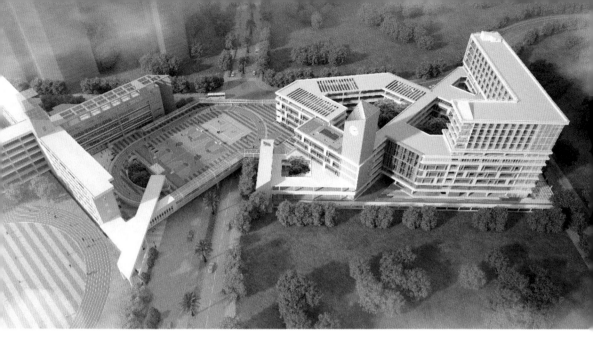

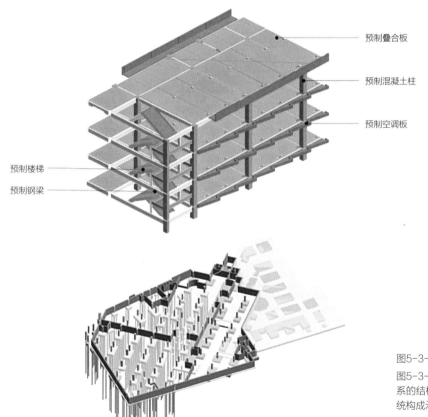

预制叠合板

预制混凝土柱

预制空调板

预制楼梯

预制钢梁

图5-3-1　项目效果图

图5-3-2　学校建筑体系的结构系统及其子系统构成示意图

图5-3-3　本项目地基基础BIM模型

础，厚度1000~1500mm（图5-3-4）。

（2）柱：

采用预制钢筋混凝土柱，标准尺寸600×600×4000，钢筋采用三级钢，C60混凝土，柱端预埋12个滚压全灌浆套筒；柱头端预埋专用钢和混凝土组合连接节点（图5-3-5）。

（3）梁：

采用变截面钢梁，钢梁材料等级为Q355B，梁端部高度550mm，中部高度450mm，变截面形式为机电管线布置预留空间，梁上翼缘栓钉在工厂焊接（图5-3-6）。

（4）楼板：

采用预制预应力带肋板+四面不出筋叠合板。

预制预应力带肋叠合板由底板和板面反肋组成。标准预应力带肋叠合板标志跨度4500mm，宽度1600mm，底板厚度50mm，肋高45mm，混凝土强度等级C40。板底设11根消除应力螺旋肋钢丝，其抗拉强度标准值为1750N/mm²，垂直预应力方向另设普通分布钢筋（图5-3-7）。

预制四面不出筋叠合板由底板和板侧槽口组成，混凝土强度等级为C40，主要尺寸为3400mm×2200mm×60mm（长×宽×高），受力形式为单向板。叠合板沿受力方向板端设置槽口，槽口长度150mm×40mm（长×深），纵向受力钢筋错开槽口布置，非受力方向布置分布钢筋（图5-3-8）。

（5）柱、梁、楼板间的关联关系：

预制柱与型钢梁之间通过预制柱顶预埋钢节点连接。钢梁上翼缘焊接连接，腹板及下翼缘通过高强螺栓连接（图5-3-9、

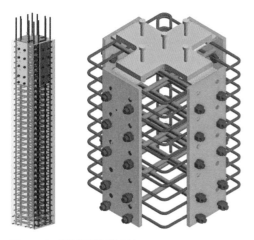

图5-3-4　预制钢筋混凝土柱

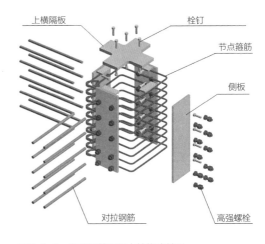

上横隔板　　　　　　　　　栓钉

节点箍筋

侧板

对拉钢筋　　　　　　　高强螺栓

图5-3-5　预制钢筋混凝土柱构成关系

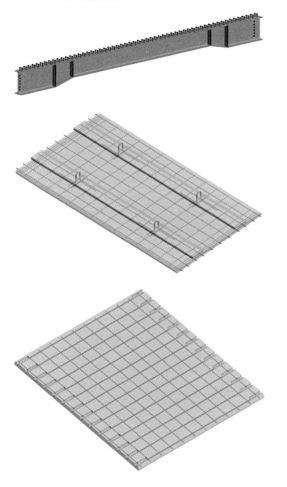

图5-3-6　变截面钢梁

图5-3-7　预应力带肋板

图5-3-8　不出筋叠合板

图5-3-10)。

上下预制柱之间通过灌浆套筒连接（图5-3-11）。

梁板之间通过钢和混凝土的组合作用，以叠合板为底模，后浇混凝土组合为一个结构体系（图5-3-12）。

3. 围护系统

本体系的围护系统由屋面、外墙、门窗、遮阳、阳台、防火墙等构成。

（1）屋面：

屋面局部采用倒置式保温隔热一体化上人屋面系统+装配式屋顶绿化模块（图5-3-13）。

（2）外墙：

外墙采用内嵌式蒸压加气混凝土条板外墙系统，外墙板采用200mm厚强度为A3.5的企口板，布置形式为竖板排版设计。外墙板与主体结构连接采用勾头螺栓法连接（图5-3-14）。

（3）门窗：

外门采用钢木门及6LOW-E+12A+6中空铝合金节能外门系统。钢木门外饰为转印饰面；铝合金门为95系推拉门，铝型材外饰为氟碳喷涂（图5-3-15）。

外窗6LOW-E+12A+6中空铝合金节能外窗系统，50系平开窗及90系推拉窗，铝型材外饰为氟碳喷涂（图5-3-16）。

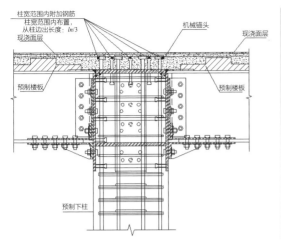

柱宽范围内附加钢筋
柱宽范围内布置，
从柱边出长度：ln/3
现浇面层

机械锚头
现浇面层

预制楼板

预制楼板

预制下柱

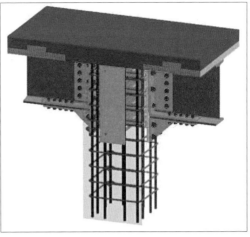

图5-3-9 梁柱连接
节点图

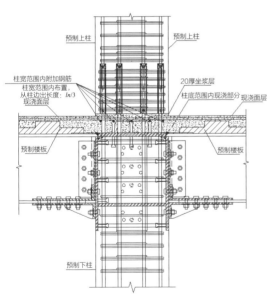

预制上柱
预制上柱

柱宽范围内附加钢筋
柱宽范围内布置，
从柱边出长度：ln/3
现浇面层

20厚坐浆层
柱底范围内现浇部分
现浇面层

预制楼板
预制楼板

预制下柱

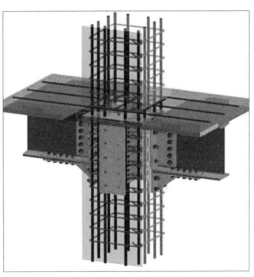

图5-3-10 上下柱与
钢梁间的连接

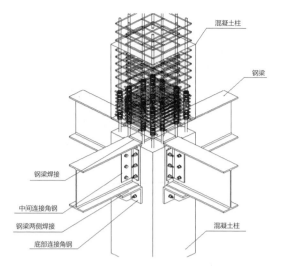

混凝土柱

钢梁

钢梁焊接

中间连接角钢

钢梁两侧焊接

底部连接角钢

混凝土柱

图5-3-11 灌浆套筒
连接节点详图

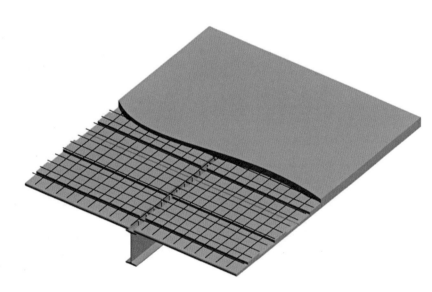

图5-3-12 梁和板之
间的连接节点

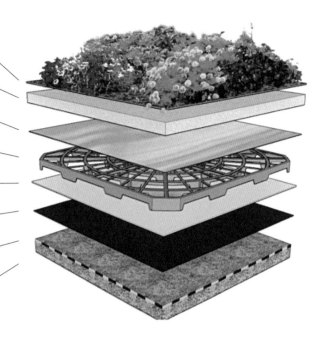

植被层
可选择各种大地花园中的植物

种植层
依据植物的不同配比不同的土壤

过滤层
承载土壤，保护蓄排水系统

蓄排水层
蓄积水分，排出多余的水分

保湿层
提供干旱时所需要的水分

隔根层
阻隔根系向下生长，保护建筑面

防渗漏层
防止多余水分渗漏，破坏原建筑顶

屋顶结构面

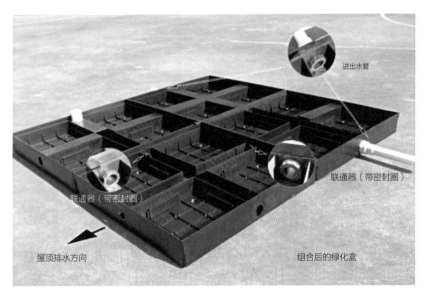

进出水管

联通器（带密封圈）

联通器（带密封圈）

屋顶排水方向

组合后的绿化盒

图5-3-13 保温隔热一体化上人绿植屋面系统

图5-3-14　内嵌式
ALC条板外墙系统

图5-3-15　钢制门
系统

图5-3-16　铝合金
外窗系统

（4）遮阳：

结合1m宽外挑阳台，采用固定结构装饰一体化遮阳系统（图5-3-17）。

（5）阳台：

采用全外挑阳台系统，并结合需求进行灵活功能分区（图5-3-18）。

（6）防火墙：

采用200mm厚蒸压加气混凝土条板内墙系统，满足耐火极限3h（图5-3-19）。

（7）围护系统中各子系统之间的关联关系：

屋顶和外墙之间，通过女儿墙实现连接（图5-3-20）。

门窗和蒸压加气混凝土条板外墙之间，通过内置镀锌钢通加固，实现门窗与墙板的可靠连接。

外墙和阳台之间，通过内嵌式墙板安装节点进行连接（图5-3-21）。

4. 机电设备系统

本项目的机电设备系统采用了与主体结构分离并与室内装修一体化布置的做法，在各大子系统中统筹进行管线排布及综合（图5-3-22）。

（1）给水系统：

卫生间统一设置管道井，给水立管分区将水送至各层，水平管线将水送至水表后各个用水点（图5-3-23）。

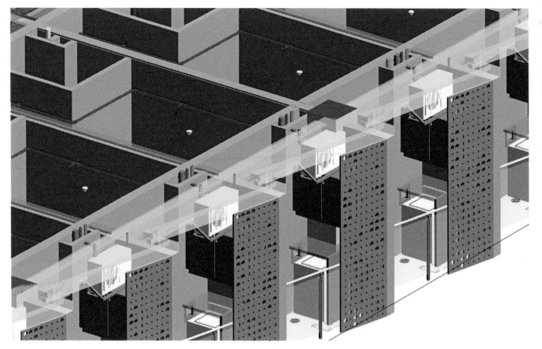

图5-3-17 装饰一体
化遮阳系统局部

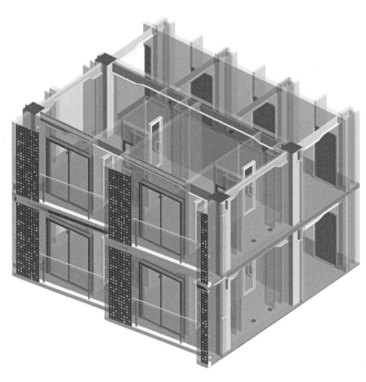

图5-3-18 全外挑阳
台系统

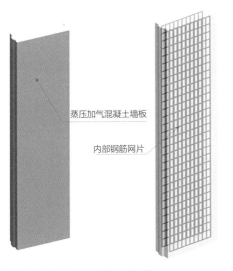

蒸压加气混凝土墙板

内部钢筋网片

图5-3-19　ALC条板防火墙系统

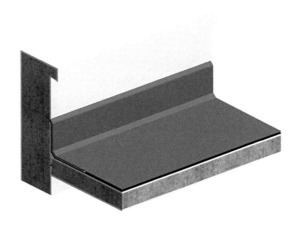

图5-3-20　女儿墙连接节点

图5-3-21　内嵌式墙板
安装连接节点

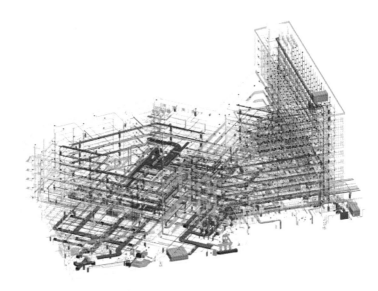

图5-3-22　机管线系统整体模型

（2）排水系统：

卫生间非同层排水，排水立管集中布置于管道井里，首层出户接入室外检查井（图5-3-24）。

（3）消防系统：

室内消火栓均暗装布置，附近设置消防管道井。地下室与建筑最高层消防管线形成系统环网，保证消防供水（图5-3-25）。

（4）空调系统：

教室以一拖一分体空调为主，多功能厅、餐厅等大空间设置变频直流多联机和新风系统，泳池设置恒温恒湿空调（图5-3-26）。

（5）采暖系统：本项目无采暖。

（6）强电系统：

引入两路市政电源，保证供电负荷，同时通过合理的机房与管井布置，减少供电半径和末端线缆长度，使供电半径在150m以内（图5-3-27）。

（7）弱电系统：

利用全光纤系统搭载整个弱电系统，使各弱电系统高效运行（图5-3-28）。

（8）防雷系统：

优先利用结构的钢筋，通过有效的措施，连接预制构件之间的钢筋，使预制构件与主体建筑形成有效的等电位连接（图5-3-29）。

5. 装饰装修系统

装饰装修系统包括室内装饰系统和室外装饰系统，本体系室内装饰系统由墙面、吊顶、地面、固定家具、功能设施等组成；室

图5-3-23 给水系统
整体模型

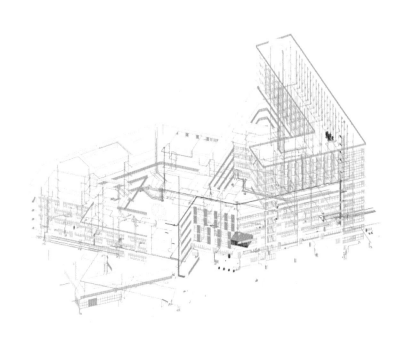

图5-3-24 排水系统
整体模型

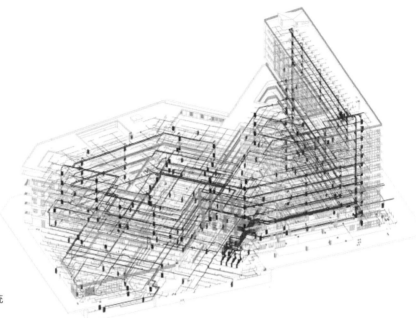

图5-3-25　消防系统
整体模型

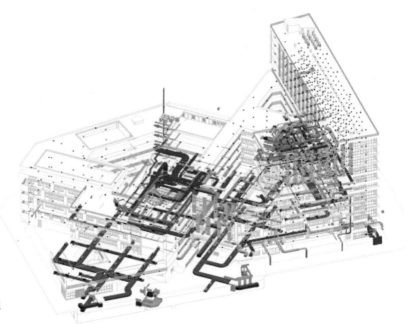

图5-3-26　空调系统
整体模型

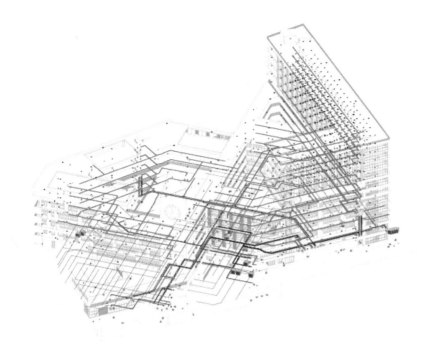

图5-3-27　强电系统
整体模型

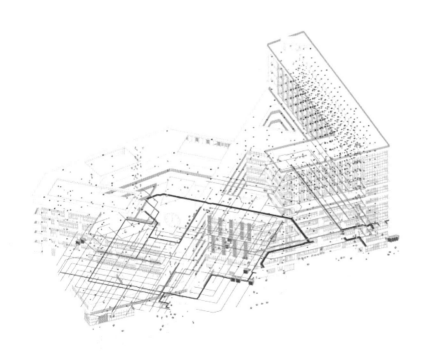

图5-3-28　弱电系统
整体模型

外装饰系统包括饰面、饰面结构、护栏和装饰部品几大部分（图
5-3-30）。

（1）墙面系统
墙面采用刮腻子外刷白色乳胶漆做法，墙裙采用1200mm×
600mm×6mm规格纯灰哑面陶瓷薄板（图5-3-31）。

（2）吊顶系统：
普通教室采用局部吊顶的处理方式，原顶吊顶刷灰色乳胶漆，
局部吊顶采用白色穿孔背蜂窝铝板（图5-3-32）。

（3）地面系统：
普通教室地面采用600mm×600mm×10mm规格的浅灰色防滑
地砖（图5-3-33）。

（4）软装系统：
普通教室内部软装系统包括软木墙、窗帘、课桌椅等（图
5-3-34）。

（5）固定家具系统：
普通教室内部的固定家具系统包括黑板（白板）、投影屏、置物
柜、讲台等（图5-3-35）。

（6）功能设施系统：
普通教室功能设施系统包括投影仪、显示屏、紫外线灯、教师
电脑桌等（图5-3-36）。

（7）饰面系统：
本项目饰面系统主要采用ALC内嵌式外墙，免抹灰做法，外刷
外墙涂料，颜色选型以白色为主，配以橙色和蓝色（图5-3-37）。

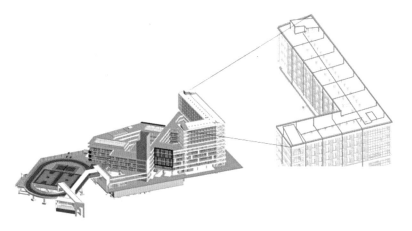

图5-3-29　防雷系统
整体模型

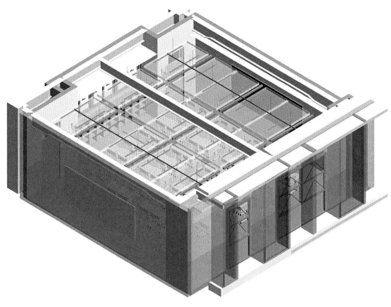

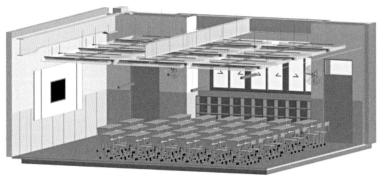

图5-3-30　内装系统
教室单元模型

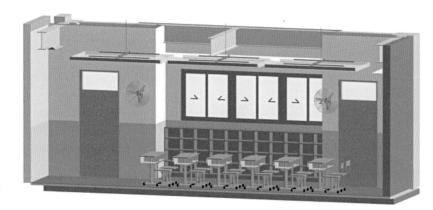

图5-3-31 墙面系统
局部

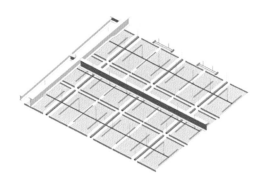

图5-3-32 吊顶系统
整体模型

图5-3-33 地面系统
局部

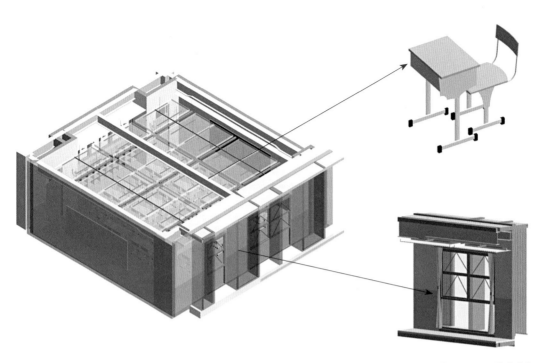

图5-3-34 教室内部
软装系统

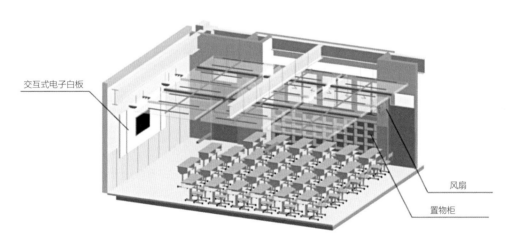

交互式电子白板

风扇

置物柜

图5-3-35 教室内部
固定家具系统构成

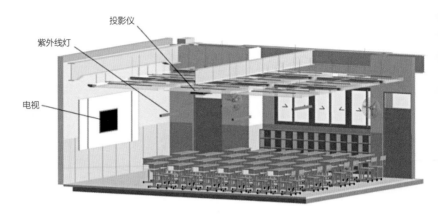

投影仪

紫外线灯

电视

图5-3-36 功能设施
系统

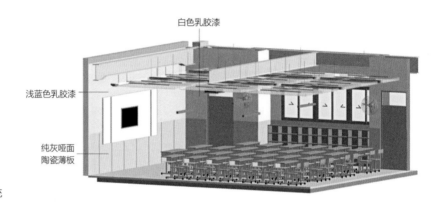

白色乳胶漆

浅蓝色乳胶漆

纯灰哑面
陶瓷薄板

图5-3-37 饰面系统

图5-3-38 饰面结构
系统模型

（8）饰面结构系统：

本项目局部采用外墙干挂石材，其饰面结构系统采用预埋钢板，轻钢龙骨框架，与石材间采用背栓式连接节点（图5-3-38）。

（9）护栏系统：

本项目所有外走廊和临空位置，均采用工业化生产的钢制装配式护栏系统，要求防锈处理标准达到5年无锈点，采用氟碳喷涂饰面（图5-3-39）。

（10）装饰部品：

部分空调机位，采用金属丝网装饰部品做遮蔽，并美化外观效果（图5-3-40）。

6. 系统集成设计

（1）几何关联性：

本项目采用以300mm为优选尺寸的模数空间网格来控制结构、围护、机电、内装及其子系统之间的几何尺寸关系。其X、Y、Z三维向量的几何控制关系见图5-3-41。

结构与围护系统之间，通过标准化的连接节点进行连接（图5-3-42）。

楼板、梁、阳台之间，通过现浇节点的非模数空间进行连接（图5-3-43）。

机电系统与结构和围护系统之间，通过吊顶、桥架、龙骨墙体等接口及其形成的非模数空间进行连接（图5-3-44、图5-3-45）。给水、排水、强电、弱电系统之间，通过综合支吊架系统进行连接。

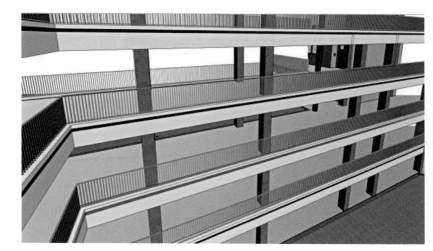

图5-3-39 护栏系统
模型

图5-3-40 装饰部品
模型

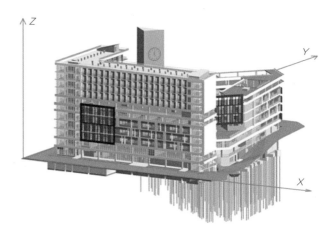

图5-3-41 几何控制
关系图

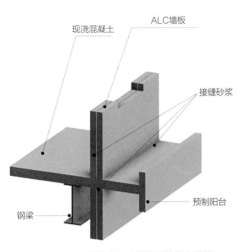

图5-3-42 内嵌式ALC外墙系统节点详图

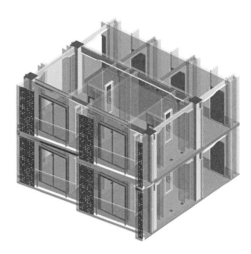

图5-3-43 模板、梁、阳台之间连接示意图

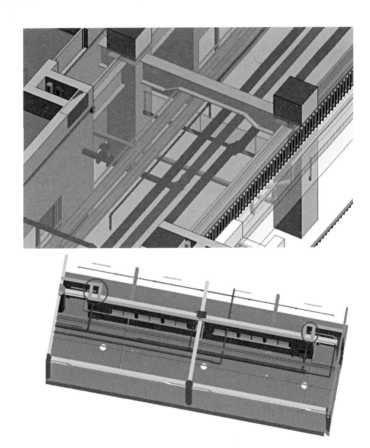

图5-3-44 吊顶、桥架接口及非模数空间示意图

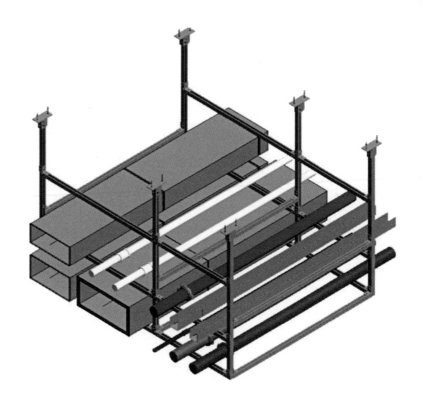

图5-3-45 综合支吊
架系统连接示意图

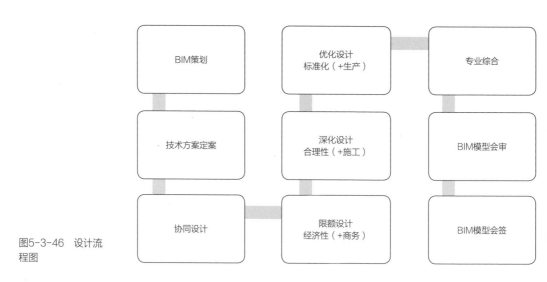

BIM策划	优化设计 标准化（+生产）	专业综合
技术方案定案	深化设计 合理性（+施工）	BIM模型会审
协同设计	限额设计 经济性（+商务）	BIM模型会签

图5-3-46 设计流
程图

（2）流程关联性：

钢和混凝土混合结构学校建筑体系，必须形成标准化的流程，基于系统控制需求，在实践中形成了一套相对稳定的流程关联性，见图5-3-46、图5-3-47。

（3）控制关联性：

通过对电梯、水泵、风机、空调等设备进行在线监控，设置相应的传感器、行程开关、光电控制等，对设备的工作状态进行检测，并通过线路返回控制机房的中心电脑，由电脑得出分析结果，再返回到设备终端进行调解。最终实现系统各要素之间的控制和协同联动（图5-3-48）。

5.4　钢结构装配式会展酒店建筑综合体案例

坪山燕子湖国际会展中心项目案例

坪山燕子湖会展中心（又名坪山高新区综合服务中心）项目位于坪山高新区，项目选址位于坪山区马峦街道办事处瑞景路与文祥路交汇处，北临坪山河燕子湖区与燕子岭相望，具备坪山"疏密有致、显山露水、生态宜居"山水城市特色和"依山傍水"的场所精神。基地东西2.7km，南北1.5~1.9km。

建筑用地分为两期，一期用于酒店建设，二期用于会展中心建设。项目总建筑面积约为13.3万m^2，会展中心建筑面积约8.7万m^2，地下1层，地上3层，建筑高度23.8m，为多层公共建筑，地上部分以会议室为主，以会带展，以多功能展览、综合服务、配套为主。酒店建筑面积约4.6万m^2，地下1层，地上6层，建筑高度23.6m，客房数295间，附带配套的餐饮、健身等用房，地下室为车库、设备用房、餐厅和仓库。建筑形式采用深出檐、柱廊等符合岭南气候特征的黄墙灰瓦，组团布局，以现代建构演绎中国传统建筑意境（图5-4-1、图5-4-2）。

1. 放线定位

2. 钢垫片调标高

3. 预制柱吊装

4. 人工调整位置

5. 预制柱就位

6. 激光校对位置

7. 斜撑固定

8. 柱底吹扫除杂物

9. 封仓料封仓

10. 调制专用灌浆料

11. 下部灌浆孔灌浆

12. 上部灌浆孔封堵

13. 完成灌浆，清理浆料

14. 吊装施工完成

15. 检查验收

图5-3-47　预制柱吊装流程示意图

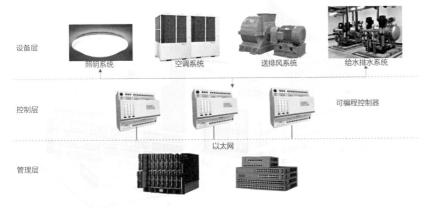

图5-3-48 自控系统
示意图

设备层

照明系统　　空调系统　　送排风系统　　给水排水系统

控制层　　　　　　　　　　　　　　　　可编程控制器

以太网

管理层

图5-4-1　会展一侧
实景

1. 系统建构

本项目属于会展酒店建筑综合体系列，装配式钢结构建筑技术体系类别。其结构系统、围护系统、机电设备系统和装饰装修系统由装配式钢结构系统+GRC装饰围护一体化外墙+机电设备与结构分离+一体化干法作业的内装系统构成（图5-4-3）。

2. 结构系统

本体系的结构系统由地基基础、钢柱、钢支撑、钢梁、组合楼盖构成。

（1）地基基础：

项目仅设一层地下室，为天然独立基础。同时现浇一整块基础防水底板，进行防水及协调基础整体变形，底板厚度为500mm，混凝土强度等级为C35（图5-4-4）。

（2）柱：

采用方钢管柱，钢号为Q345B，标准尺寸为600×600×25及1000×1000×30，现场焊接连接。

（3）梁：

采用热轧H型钢及焊接H型钢梁，钢号为Q345B，标准尺寸为HN400×200、HN500×200、HN600×200、HN700×300、H600×250×12×20、H800×300×20×40，钢梁上翼缘设置栓钉与楼板形成组合作用共同受力，栓钉在工厂焊接，钢梁翼缘通过焊接、腹板通过高强螺栓与预制柱预留钢节点连接。

（4）楼板：

采用压型钢板组合楼板，压型钢板型号为闭口型YXB65@185@555，采用高100mm、直径19mm的栓钉与钢梁连接，形成组合楼板。

图5-4-2　会展中心
酒店一侧实景

图5-4-3　会展中心
系统建构

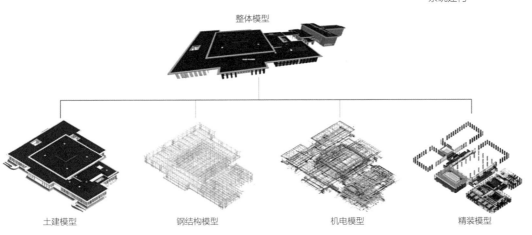

整体模型

土建模型　　　　钢结构模型　　　　机电模型　　　　精装模型

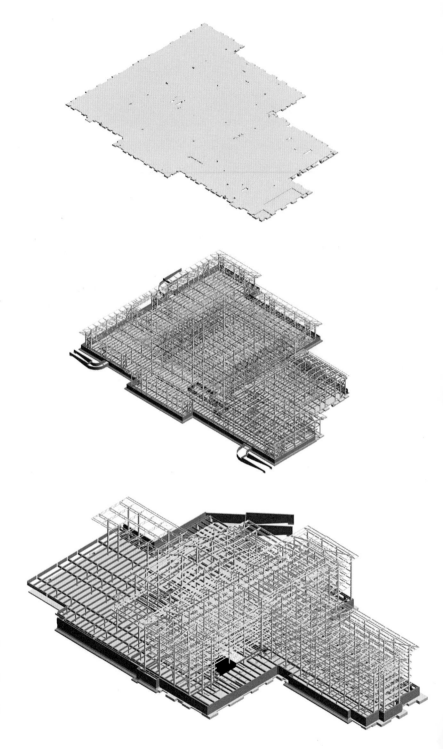

图5-4-4　会展部分
地基基础

图5-4-5　会展部分
钢结构系统

图5-4-6　酒店部分
钢结构系统

（5）钢支撑：

根据结构需要在适当位置设置H型钢钢支撑，钢号为Q345B，标准尺寸为H600×400×25×30，钢支撑主要承受水平力作用。

（6）柱、梁、楼板间的关联关系：

型钢柱与型钢梁之间通过焊接节点连接。钢梁上翼缘焊接连接，腹板及下翼缘通过高强螺栓连接。

预制叠合楼板与钢梁之间通过后浇混凝土形成钢和混凝土组合楼盖。

上下钢柱之间通过焊接连接（图5-4-5~图5-4-7）。

3. 围护系统

本建筑体系的围护系统由外墙、外门窗、遮阳、阳台、屋面、有防火或隔声要求的内隔墙、普通内隔墙等子系统构成（图5-4-8）。

（1）外墙：

外墙以GRC装饰墙板外挂为主，内衬ALC加气混凝土条板，内嵌式安装。与GRC集成墙配套的是单元式玻璃幕墙，会展部分外装直楞铝合金遮阳格栅，规格尺寸同玻璃幕墙（图5-4-9）。

（2）外墙系统各要素间的几何关联性：

立面幕墙的分格尺寸形成统一的模数序列，玻璃幕墙横向以900mm作为模数均分。GRC造型柱同样以900mm为模数，标准宽度为1800mm，高度以1200mm为模数，总高9600mm，分为上、下两块，单块高度4800mm。

单元式玻璃、GRC装饰柱、直楞遮阳格栅、顶部的铝扣板、玻璃幕墙顶部的三扇电动排烟天窗通过几何尺寸协调组合成完整的立

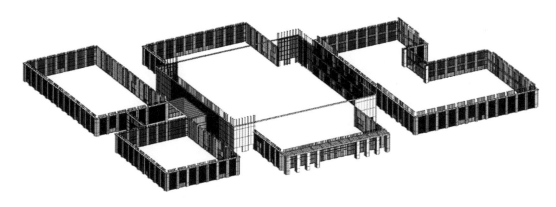

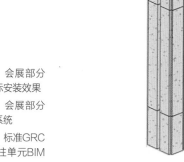

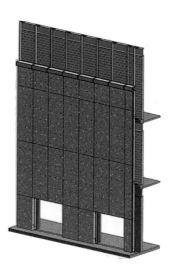

图5-4-7　会展部分
钢结构实际安装效果

图5-4-8　会展部分
幕墙围护系统

图5-4-9　标准GRC
墙单元和柱单元BIM
模型

面单元。玻璃幕墙每5个分格为一组与GRC柱子交替分布，即单组玻璃幕墙的尺寸为9.6m×4.5m，整个建筑类似部分的5000块玻璃划分后缩减为502个玻璃幕墙的板块，每两块玻璃板块之间采用散件安装（图5-4-10~图5-4-12）。

装饰混凝土柱，其尺寸和形式比较单一，每个标准的GRC造型柱尺寸统一并具有互换性。

结构与围护系统之间，通过标准化的连接节点进行连接。

楼板、梁、阳台之间，通过现浇节点的非模数空间进行连接。

（3）外门窗：
外门采用6LOW-E+12A+6中空铝合金节能外门系统。外门和外窗均采用断桥隔热保温铝合金型材和6+12+6 LOW-E较低透光中空玻璃，传热系数=2.6W/（m²·K）；水密性能不低于3级；气密性不低于6级（图5-4-13~图5-4-15）。

（4）屋面：
本建筑体系屋面主要采用金属屋面（图5-4-16、图5-4-17）。主要材料为铝镁锰合金直立锁边金属屋面板，屋面防水板采用0.9mm厚铝镁锰合金压型板，屋面天沟采用不锈钢板（图5-4-18、图5-4-19）。

（5）隔声墙：
酒店部分对房间之间的隔墙有较高的隔声性能要求，因此采用两层预制混凝土空心条板，将两层墙板中间留出20mm空隙（图5-4-20），在两层墙板的两个外侧用轻钢龙骨+硅酸钙板覆膜一体化饰面材料装修，空腔中填岩棉，形成类似"房中房"的构造（图5-4-21），达到隔声量不小于50dB的设计目标。

图5-4-10 会展部分
标准幕墙单元组合后
实施效果

图5-4-11 玻璃幕墙
分大板块安装示意图

图5-4-12 现场吊装
照片

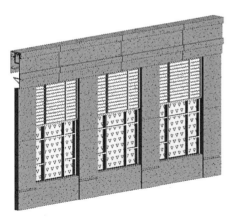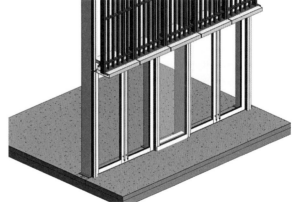

图5-4-13 酒店幕墙GRC包梁、门窗节点　　图5-4-14 会展项目幕墙与外门窗节点

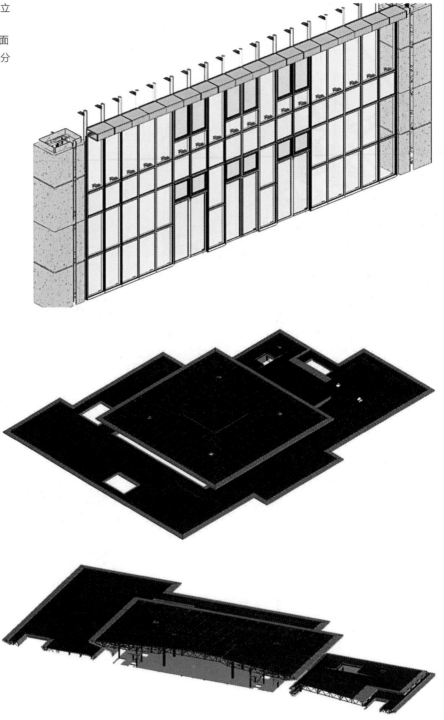

图5-4-15 会展东立
面入口大门节点

图5-4-16 金属屋面

图5-4-17 会展部分
金属屋面纵剖面

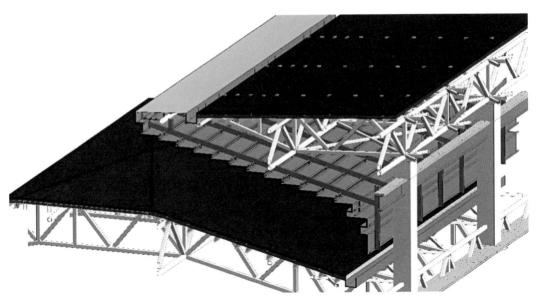

图5-4-18 金属屋面
天沟构造

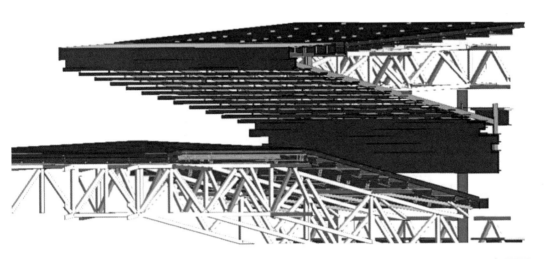

图5-4-19 金属屋面
檐口构造

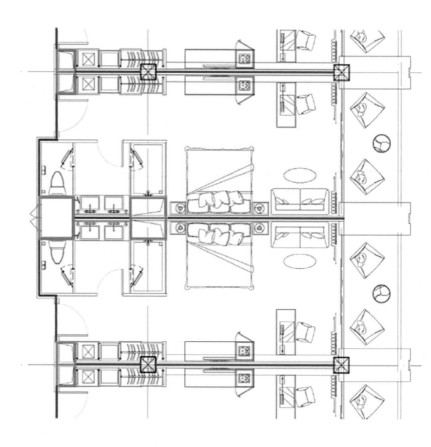

图5-4-20 客房声
学构造平面图（红色
部分为隔墙中空部分）

图5-4-21 客房声
学构造BIM模型（房
中房示意）

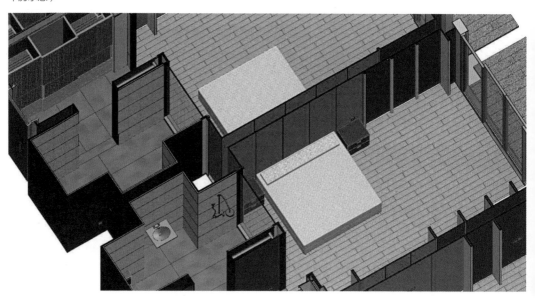

4．机电系统

本建筑体系的机电系统由给水排水系统、空调系统、供暖系统、强弱电系统、消防系统、燃气系统等子系统构成（图5-4-22、图5-4-23）。

（1）给水排水系统：

建筑的给水系统以市政直供水和压力供水系统相结合；排水系统以重力流为主，地下室和实验室排水为压力流。根据建筑装配式的结构形式，给水排水系统可部署在管井、吊顶等，实现管线和结构的分离（图5-4-24）。

（2）暖通系统：

暖通系统包含空调系统、供暖系统、通风系统等，主干管占用安装空间大、支管多。设计中结合建筑平面布局和立面设计简化管路系统，优先通过管井设置竖向系统，结合吊顶布置水平管道，实现管线和结构的分离，便于管线综合和管道综合支吊架安装（图5-4-25）。

（3）强电系统：

会展为重要公共建筑，其负荷等级为一级，高压系统采用引入两路10kV市电（公线专用）互为备用的形式，低压系统采用放射式结合树干式的供电形式。变压器总装机容量为13000kVA，单位面积用电指标约98VA/m^2（图5-4-26）。

（4）弱电系统：

会展弱电系统包含火灾自动报警系统、电气综合监控系统、电能管理系统、信息设施系统、信息化应用系统、建筑设备管理系统和安全防范系统等建筑智能化集成系统。

图5-4-22　会展部
分机电综合模型

图5-4-23　酒店部
分机电综合模型

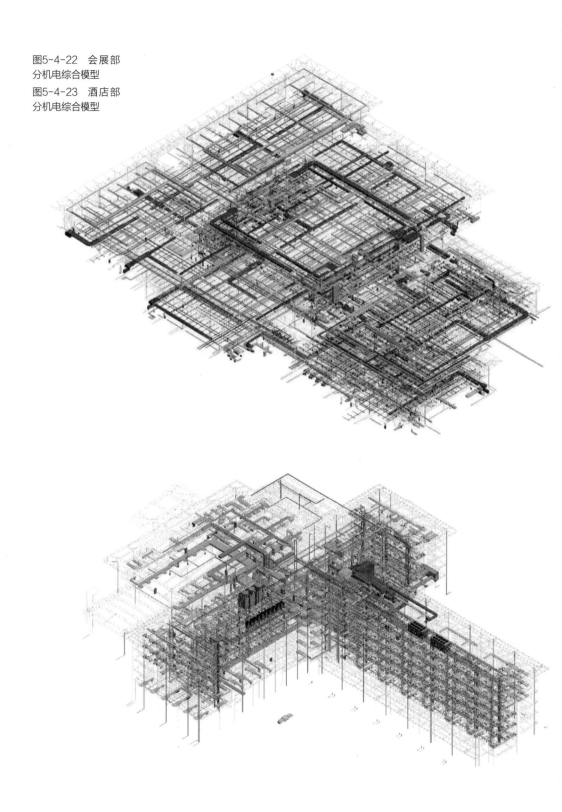

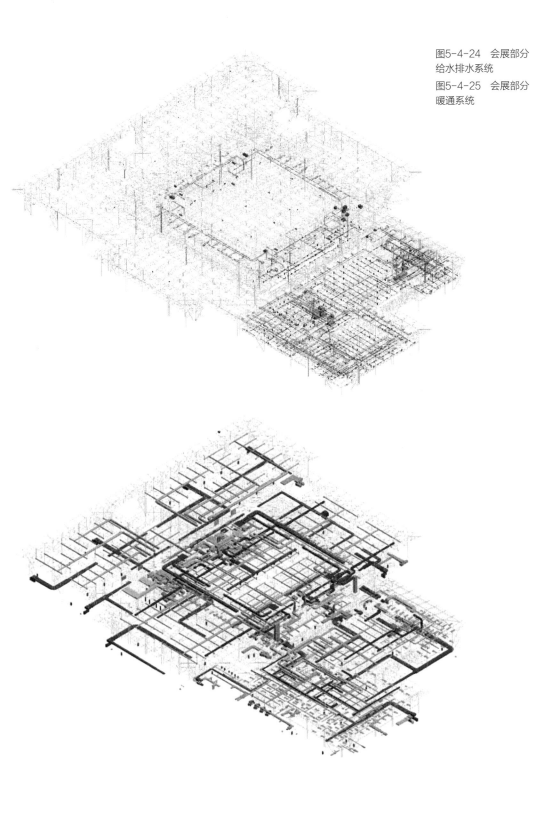

图5-4-24　会展部分
给水排水系统
图5-4-25　会展部分
暖通系统

（5）防雷系统：

本项目建筑物防雷等级二级，电子信息系统防雷等级B级，利用钢管混凝土柱、钢桁架、钢屋面等钢构件作为防雷装置和接地装置。

（6）消防系统：

消火栓系统采用工厂生产的标准化产品，入墙安装（图5-4-27）。

自动喷水灭火系统：管线不穿预制楼板。

防排烟系统：采用工厂生产的内衬，将其标准化生产、模块化装配。

5. 内装系统

本体系的内装系统主要包括隔墙系统、吊顶系统、地面系统、机电管线与装修一体化等，除局部地面（如大厅石材地面、客房卫生间地面）外全部采用装配式装修（图5-4-28~图5-4-30）。

（1）墙系统

在本体系中，墙系统由内隔墙及墙体饰面材料两部分组成。内隔墙采用预制混凝土空心条板（图5-4-31）和轻钢龙骨组合隔墙（图5-4-32）两种干法装配的轻质隔墙产品。

其中轻钢龙骨组合墙体是采用以轻钢为骨架，外面包覆面板的建筑内部分隔墙。其骨架做法基本相同，外观的变化主要是由于装饰面板的不同分类、色彩、表面肌理等的区别。本项目主要采用的基材有：硅酸钙板、铝蜂窝板、钢板等；饰面材料有：石材面板（图5-4-33）、人造石饰面板、PVC覆膜装饰板、人造革覆膜装饰板、仿木覆膜装饰板、壁布覆膜装饰板和乳胶漆饰面等。

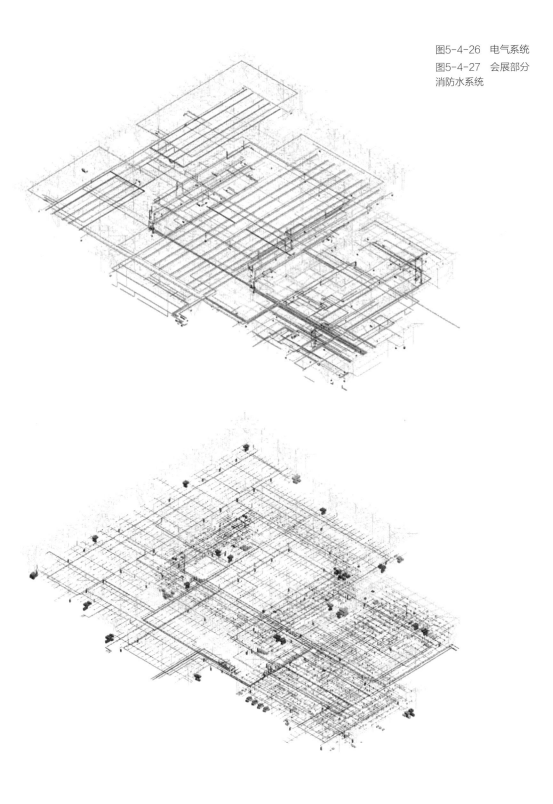

图5-4-26 电气系统

图5-4-27 会展部分
消防水系统

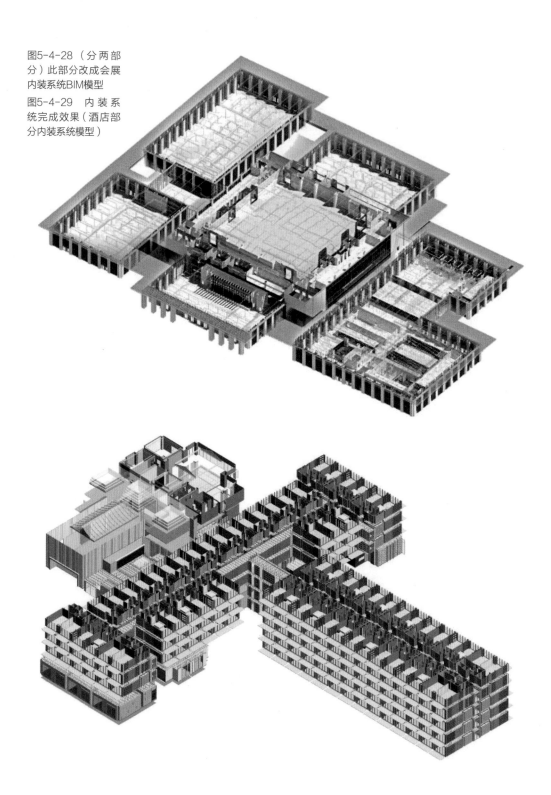

图5-4-28（分两部分）此部分改成会展内装系统BIM模型

图5-4-29 内装系统完成效果（酒店部分内装系统模型）

图5-4-30 内装系统
完成效果

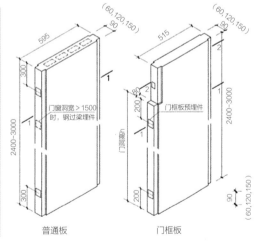

图5-4-31 预制混凝
土空心条板

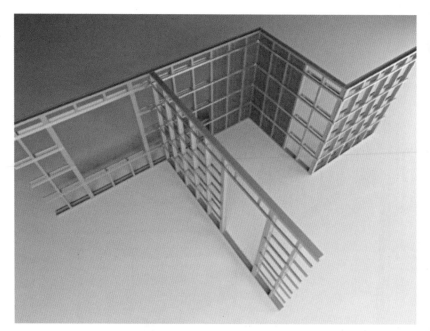

图5-4-32 轻钢龙骨
隔墙

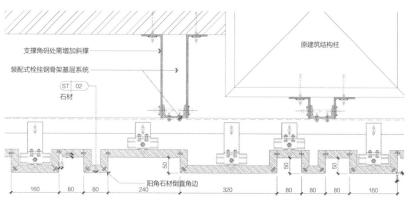

支撑角码处需增加斜撑

装配式栓挂钢骨架基层系统

ST | 02
石材

原建筑结构柱

阳角石材倒直角边

160 | 80 | 80 | 240 | 320 | 80 | 80 | 80 | 160

50 | 50 | 50

图5-4-33 干挂背栓
式人造石材

（2）吊顶系统

选用穿孔石膏板、矿棉吸声板、金属穿孔板、铝合金穿孔板、木（木塑）吸声板、照明和强弱电系统格栅形吊架等饰面材料。经过现场精确的测量放线，再与施工图核实尺寸后根据要求进行深化排版，并对板块进行编号，然后交由加工厂进行工厂化生产，板块到现场之后直接根据设计排版图对号入座进行吊装（图5-4-34）。

（3）地面系统

会议部分、酒店客房部分采用架空地面系统，该系统由地板、支座、防震垫、螺钉组成，地板放置在带有防震垫的支座上，支座自身通过架空支座的调节螺杆实现高度可调，可适应不平整的地面，其表面根据需要铺装复合地板、地毯或PVC地板等（图5-4-35）。

（4）软装系统

酒店的软装系统是非常复杂并多样的，根据不同的区域如大堂、客房、餐厅等部分，在统一的风格定位和识别系统规范下，对不同空间还应该加以个性化地雕琢（图5-4-36、图5-4-37）。

（5）固定家具系统

酒店客房固定家具系统包括壁柜、盥洗台、固定置物架等；会展登录厅固定家具系统主要为前台；餐厅的固定家具系统主要有自助餐台、服务台、有空间限定的构筑物、固定花池等（图5-4-38~图5-4-40）。

墙面、地面、吊顶、软装、固定家具等所有的这些系统，通过设计师的整合和集成，最终共同形成完整的室内空间，满足建筑的使用要求，如本项目的多功能宴会厅和西登录厅等（图5-4-41、图5-4-42）。

图5-4-34　登录厅的地面系统和吊顶系统

图5-4-35 架空地面
系统
图5-4-36 大堂吧软
装效果

图5-4-37　全日餐厅
软装效果

图5-4-38　酒店客房
固定家具系统

图5-4-39 会展登录
厅固定家具系统

图5-4-40 全日餐厅
固定家具系统

图5-4-41　多功能宴
会厅建成后的效果

图5-4-42　西登录厅
建成后的效果

（6）功能设施系统

会展中心固定的功能设施不多，主要有报告厅的LED显示屏、讲坛、投影仪等。

（7）室外装饰系统

本项目室外装饰系统包括外墙饰面、幕墙及格栅、护栏、屋顶、檐口叠涩和装饰部品等几大部分。共同构成建筑整体的外观效果（图5-4-43）。

（8）饰面系统

本项目饰面系统主要采用GRC外墙，通体用彩色混凝土本色，颜色选型以米黄色为主（图5-4-44）。

（9）饰面结构系统

本项目采用外墙干挂GRC幕墙，其饰面结构系统采用预埋钢板，轻钢龙骨框架，与饰面间采用背栓式连接节点。

（10）护栏系统

本项目所有客房均设外阳台，外阳台均采用工厂生产的铝制装配式护栏系统，其立杆与楼板及钢梁外侧固定，后衬铝单板，外侧为夹胶安全玻璃，（玻璃厚度）+（胶片厚度）+（玻璃厚度），护栏采用氟碳喷涂饰面（图5-4-45）。

（11）装饰部品

挑檐的叠涩由铝合金折板构成，通过一个柱头收分，与GRC装饰墙板及遮阳格栅形成会展部分主要的外装饰效果（图5-4-46）。

（12）夜景照明系统

采用LED灯作为照明光源，结合建筑形象特征，进行夜景照明设计及规划，最终呈现一个不同于白天的美轮美奂的建筑形象

（图5-4-47）。

（13）系统集成设计

本项目比较有特色的地方有两点：一是采用了模数控制的立面系统，将GRC装饰幕墙、单元式玻璃幕墙、铝合金遮阳格栅、外墙风口、外门窗、金属屋面等整合为一个完整的外墙系统，其做法详见前面"外墙系统"内容，在此不再赘述；二是通过标识系统，构建了各建筑空间和使用功能之间的控制关联性。

（14）控制关联性

大型公共建筑往往需要一个统一的标识系统，因此，在各种建筑功能之间需要用符号来建立起其间的关联性，坪山燕子湖国际会议中心也建立了这样一套标识系统。

建筑标识系统其实质是研究人在建筑空间中的活动规律，找到建筑各种功能、空间、环境之间的关联关系，站在使用建筑的人的角度去提供一种视觉符号，让这种符号能引导人很好地理解建筑整体各功能、环境、空间的关联关系。使人能便捷地到达目的地。从这个意义上讲，大型公共建筑的标识系统对建筑整体非常重要，它通过易懂的视觉识别及清晰的层级关系构建出了建筑空间行为与空间的关联性，使空间行为更为受控并高效。

为了保证标识系统易懂且清晰。要从标准应用、规划布局和标识形式等三个方面进行标识系统设计。

（15）标准应用

包括国家标准、字体标准、色彩标准、材料标准等，基本标识应按照国家标准设计，确保社会整体标识导向的统一（图5-4-48~图5-4-50）。

图5-4-43 会展中心
西侧鸟瞰
图5-4-44 外柱廊实
景效果

图5-4-45　护栏系统
模型

图5-4-46　檐口及柱身的装饰部品拼装实景效果

图5-4-47　会展部分夜景照明实景

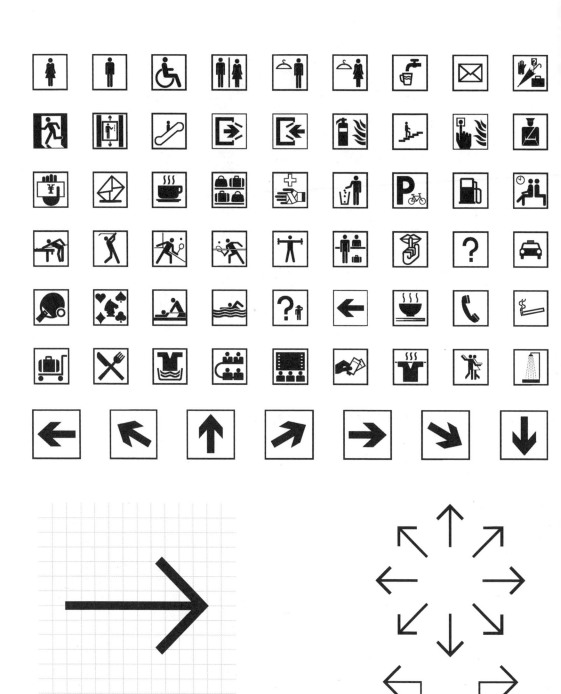

图5-4-48 标识系统
国家标准

坪山高新区 综合服务中心

汉仪旗黑系列

英文

ABCDGHIJKLMNOPQRSTUVWXYZ
abcdghijklmnopqrstuvwxyz

思源黑体 CN Rgular

数字

0123456789
0123456789

汉仪旗黑系列

图5-4-49 字体标准
图5-4-50 材料和色彩标准

户外

室内

酒店

香槟金　白色玻璃

古铜色　黑色玻璃

不锈钢（原色）　不锈钢（烤漆）PT 405 U

（16）规划布局：

标识系统要结合建筑整体的规划来进行布局，本工程总平面布局由三大部分组成：西侧是会展中心，东侧是酒店部分，中间是会议及宴会部分。标识系统结合建筑布局及建筑周边的广场、道路、绿化、停车等进行布置，通过分析建筑功能，模拟人流走向，选择合理的位置布置适宜的标识标牌等帮助人们更加容易理解建筑本身，因为了解而便捷地使用建筑，从而获得最佳的使用体验（图5-4-51）。

（17）空间标识：

标识系统要结合建筑整体功能空间来布局，以会议中心部分二层为例，其标识涵盖多功能宴会厅、报告厅、会议室、厨房等，其标识布点与各功能空间入口结合进行。根据其作用和空间类别，分为功能界定、房间名称、配套设施三类进行布局（图5-4-52~图5-4-54）。

（18）标识形式：

采用统一易懂的标识形式来引导人流在建筑空间中开展活动，是标识系统设计的基本要求。为此，研究人在建筑中的行为就变得尤为重要。比如，为了让会展中心的人流得到比较好的引导，分析其主要入场方式，分别是驾车入场、步行入场和公交（大巴）入场。对于驾车入场的人员，要通过停车场标识系统（图5-4-55）引导进入地下停车场（图5-4-56），然后停在确定停车区（图5-4-57），引导进入确定区域的地下电梯厅（图5-4-58），经电梯到达目的楼层。步行人流则按照先到达广场，再分会展、会议、酒店的顺序，通过总图标识（图5-4-59）到楼栋标识（图5-4-60）最后楼层标识（图5-4-61）的顺序布置导向牌（图5-4-62~图5-4-66）。

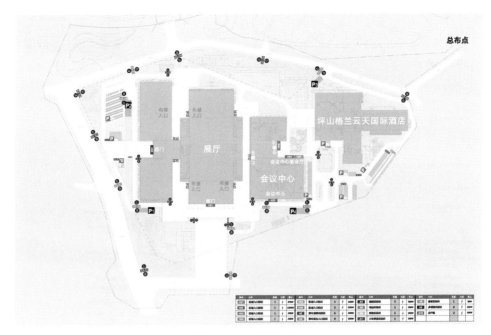

图5-4-51 规划布点图

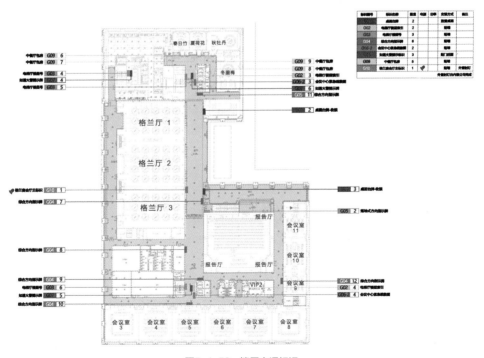

图5-4-52 楼层交通标识

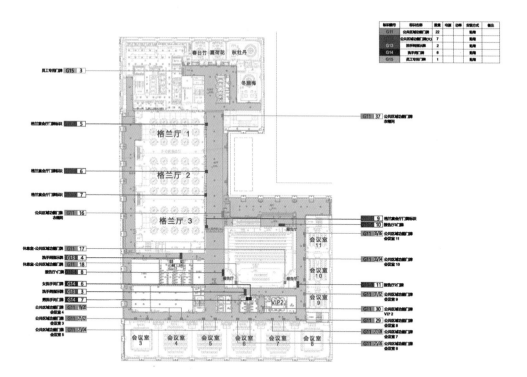

标识编号	标识名称	数量	电源	功率	安装方式	备注
G11	公共区域功能门牌	22			贴墙	
G12	公共区域功能门牌(大)	7			贴墙	
G13	携手间标识	2			贴墙	
G14	携手间门牌	6			贴墙	
G15	员工专用门牌	1			贴墙	

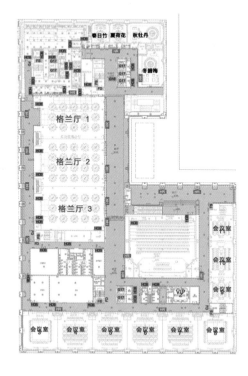

标识编号	标识名称	数量	电源	功率	安装方式	备注
G16	无障碍电梯	1			贴墙	
G17	电梯指引	7			贴墙	
HOB	设备风险标识	37			贴墙	
FS	消防楼梯标识	6			贴墙	
HR	消火栓标识	17			贴墙	
FD	防火门闭标识	6			贴墙	

图5-4-53 房间功能标识

图5-4-54 设备功能标识

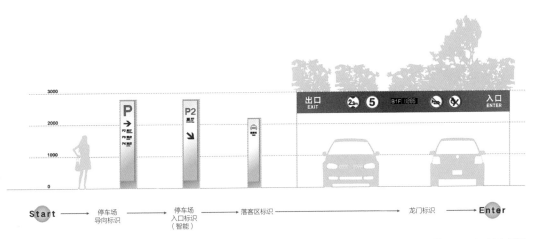

图5-4-55　停车标识

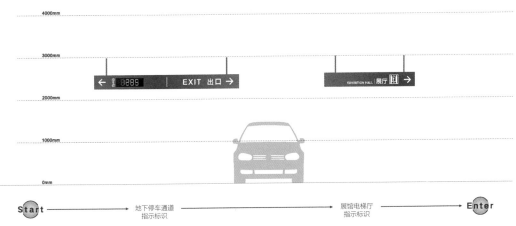

图5-4-56　停车导向标识

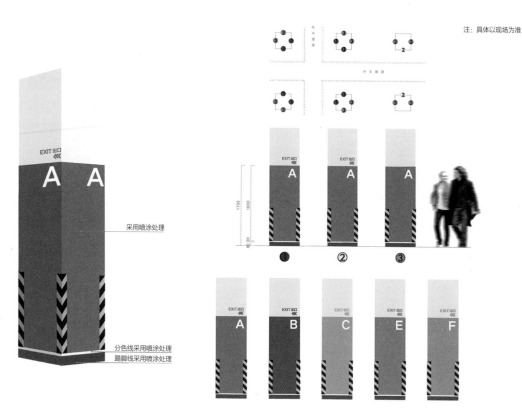

图5-4-57 停车分区
标识

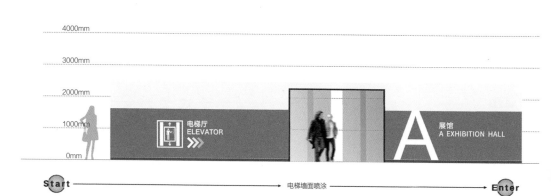

图5-4-58 停车场电
梯厅入口标识

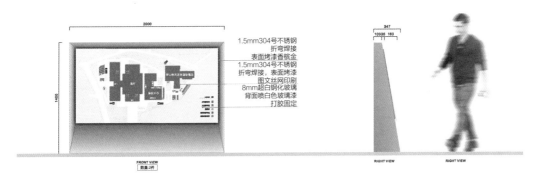

1.5mm304号不锈钢
折弯焊接
表面烤漆香槟金
1.5mm304号不锈钢
折弯焊接，表面烤漆
图文丝网印刷
8mm超白钢化玻璃
背面喷白色玻璃漆
打胶固定

图5-4-59　总平面导
览标识

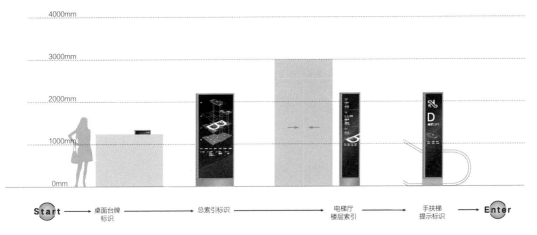

图5-4-60　功能区域
索引标识

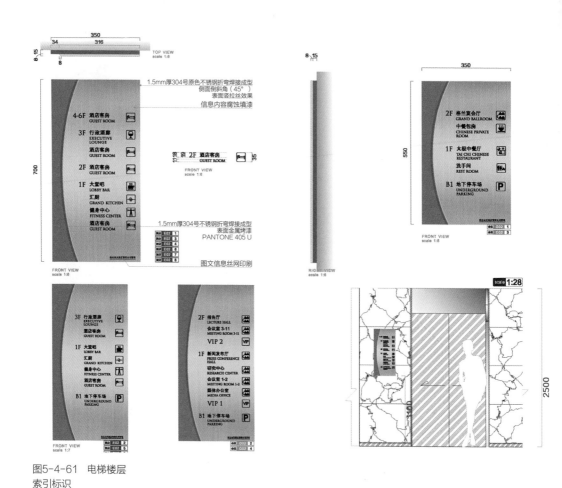

图5-4-61 电梯楼层
索引标识

图5-4-62 楼层标识

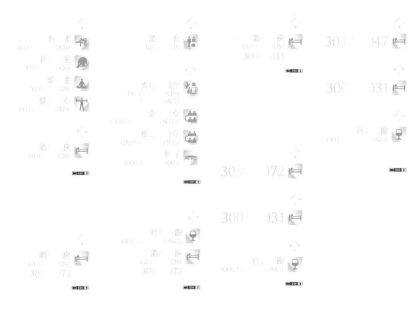

图5-4-63　综合方向标识

图5-4-64　宴会厅标识

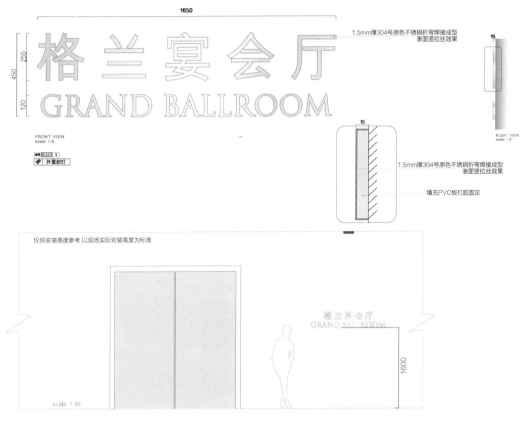

图5-4-65 功能房
间标识

图5-4-66 卫生间
标识

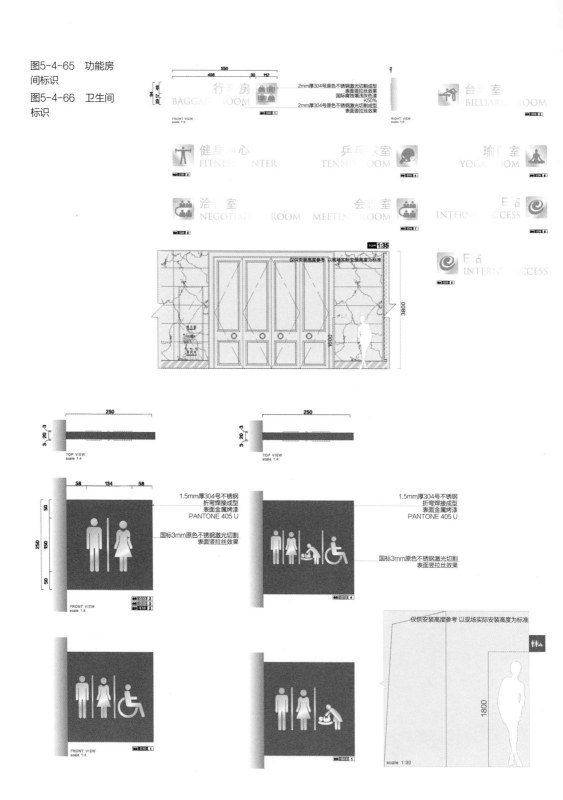

5.5 模块化应急防疫医院案例

1. 钢结构模块化建筑简介

本模块化医院建筑体系,是基于模块化钢结构低多层建筑体系设计关键技术,形成标准化、模块化、高效装配的建筑产品。该建筑产品在中建集团统筹指挥多家工厂协同下,在2020年抗击新冠肺炎疫情的斗争中,高效生产,迅速部署,在10天内建成了武汉火神山、雷神山防疫医院(简称"两山医院")共2600张防疫病床,解决了"应收尽收"的医疗资源短缺问题,为武汉防疫斗争中阻断传染源,积极收治病人,降低病死率,挽救患者生命提供了物质基础。

随后,结合"十三五"国家重点研发计划项目"工业化建筑设计关键技术",总结梳理了"基于工业化建筑系统集成设计理论的模块化钢结构关键技术",结合两山医院建设的经验,应用该模块化建筑产品,先后参与建设了深圳市第三人民医院应急医院、郑州岐伯山医院、徐州传染病医院应急病房、西安疾控中心等20余个示范项目,协同中建集团其他兄弟单位建设了我国香港地区防疫方舱医院等100余所防疫医院。该产品由于在工厂批量规模化、工业化制造,而且结构、围护、机电、装修基本实现一体化,生产效率高,便于以模块为单位,运输到工地现场快速装配。在全国各地建设应急防疫医院的过程中,实现模块化钢结构建筑的全装配快速建造,工期节省50%、人工降低60%、垃圾减量80%,在应急情况下,具备10天建成一所1000床防疫医院的能力。

本模块化建筑产品体系及其设计、制造、装配技术还被用于测温通道、负压病房、核酸检测移动方舱,以及可拆装式营房、快速建设的中小学校和公益设施等。对于国家安全、百姓利益、社会公益具有重大影响。

防疫应急医院的平面布局要遵循"功能符合、流程短捷、洁污分明、分区合理"的设计原则，基本要求是"三区两通道"。三区：清洁区、半污染区、污染区；两通道：医护人员通道、病患通道。患者动线与医护人员完全分离，主要通过建筑外围进入病区。病区与急诊区之间加盖雨棚。为便于箱体的高效替换和社会化的加工协同，应将此类模块化钢结构规格尺寸统一为6000mm×3000mm×3000mm（长×宽×高）的标准单元，ICU等特殊模块可以选用9000mm×3000mm×3500mm。规划布局应以这种模块化标准单元为基本单位进行设计，规划设计定案后，可以直接安排工厂根据设计功能制造模块。将原来现场立柱子、搭梁、铺板等一系列的作业，简化成直接应用已经在工厂制作好的六面体进行现场拼装，大量的结构搭接、外墙围护、机电设备安装及室内装饰装修的工作都转变为在工厂生产，运至现场快速高效地进行全干法、模块化装配。

根据设计要求，应用此模块化钢结构技术可以制造出两类产品：一种是预制好顶棚和地面模块，与柱子和围护墙板打包运输至工地，在工地立柱子、装墙板，形成六面体模块后吊装，结构及围护拼装完后，进行二次机电安装及装配式内装，最终使其具备防疫医院功能；另一种，在工厂直接制造为六面体，并基本实现机电设备和装饰装修的安装，运至工地现场完成装配及更小量的安装工作即可投入使用。无论哪种产品，均应按照结构系统、围护系统、机电系统、内装系统建构，立足系统工程理论和方法开展工作，实现设计、采购、生产、装配及运营维护的一体化。

2. 系统建构

本模块化建筑产品。其结构系统、围护系统、机电设备系统和装饰装修系统的整体构成如图5-5-1所示。

3. 结构系统

（1）地基基础

地基基础一般应结合现场地质情况和建筑功能需求来确定，在应急情况下，为了便于现场快速机械化施工，避免不均匀沉降，避免对土壤及地下水的污染，建议采用450厚钢筋混凝土筏板基础全场满铺。按模块箱尺寸和平面布局布置钢方通，用作模块箱搁置支座（图5-5-2）。

（2）柱、梁、墙组成的模块化结构

本体系的结构系统主要由模块化钢结构构成。一般分永久和非永久两类模块，非永久模块的结构系统包括模块角柱、楼面梁、屋面梁等。顶部为顶板，底部为底板，二者均由周边梁、中间次梁、金属蒙皮（一般用镀锌薄板）和水泥压力板底板等共同构成，其中布设机电管线和保温岩棉等，均在工厂生产。顶板和底板与配套的4根角柱和夹芯板墙通过板式运输的方式运至建设工地，在现场装上墙板后吊装即可。永久模块的结构系统，其模块框架为结构单元，通过标准连接件连接形成整栋建筑的结构体系。在工厂将顶板、底板、外墙及室内机电管线、装饰装修全部或大部分完成，运至现场吊装后进行内外装饰装修的收尾即可投入使用。无论是非永久模块还是永久模块，每个模块单元自成一个结构体，能够独立支撑自身的竖向荷载和水平荷载（图5-5-3、图5-5-4）。

4. 围护系统

集装箱箱体由八梁四柱主结构骨架构成，4根角柱通过螺栓分别与顶框框架和底框框架连接组成整个箱体的框架结构。四周嵌入夹芯板墙，结合需求开门开窗，箱体自成一个稳定的吊装单元，搁置在基础上。围护系统主要由顶框围护系统、底框围护系统、墙板和外门窗等组成。墙板主要采用单面徽压纹岩棉夹芯板，标准墙板规格为75mm×1150mm（图5-5-5、图5-5-6）。

5. 模块之间的关联关系

当结构系统和围护系统组合完成后，模块就具备了基本的使用功能。每个集装箱模块高度集成化，满足工厂化快速建造、现场快

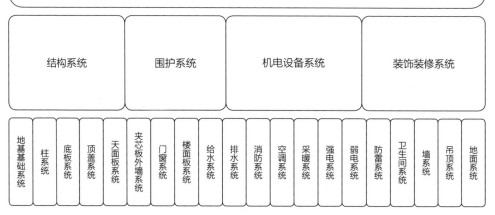

图5-5-1 模块化钢结构建筑的系统建构

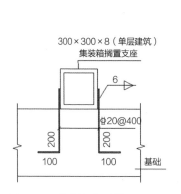

图5-5-2 基础剖面示意图

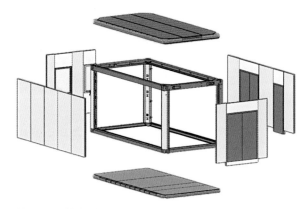

图5-5-3 模块化钢结构构成分解图

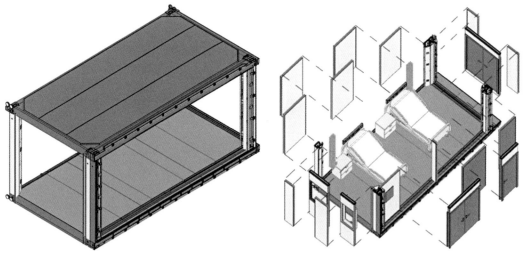

图5-5-4　整体结构模块

图5-5-5　单箱围护墙板示意

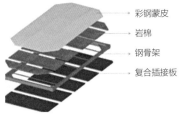

彩钢蒙皮
岩棉
钢骨架
复合插接板

（a）模块顶板

地板革
木地板
钢骨架
岩棉
镀锌板

（b）模块地板

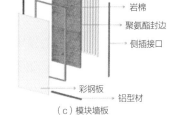

彩钢板
岩棉
聚氨酯封边
侧插接口

彩钢板
铝型材

（c）模块墙板

图5-5-6　单箱围护系统三大板块

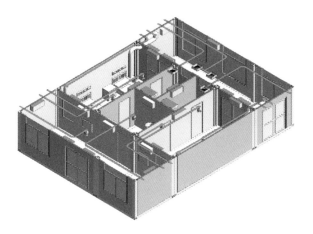

图5-5-7　若干模块组成一个单元

速装配化施工的要求，可以由若干标准模块组合成一个如图5-5-7所示的隔离病房建筑单元，再由若干病房单元组合成一个功能区（图5-5-8）。

连接节点有很多种，理想的节点连接应满足设计、生产、安装不同阶段的要求，如受力性能好、易加工、易定位安装、易拆卸、可扩展、符合公差要求等。本体系应用较多的为螺栓连接。箱体水平、竖向均通过螺栓连接件连接，连接节点及所有配件均在工厂加工完成。现场箱体吊装到位后，直接用螺栓连接固定，安装便利，施工速度快（图5-5-9、图5-5-10）。

6. 机电系统

强电管线布置在顶板或底板夹层内，其他机电系统完全模块化安装，医院全覆盖独立空调系统，配备有HEPA高效空气过滤器（五级）；ICU与HDU单元均配有正负压空调系统，保证空气条件与医护人员安全。配备的发电机均能带载全部负荷，另配置储油设施，可以保证发电机48h不间断供电，考虑当地油罐车提供烟油储量。病房区机电系统空气净化级别为十万级，设置全新风、全排风系统，新风通过粗、中、高效过滤，通过新排风口的合理设置和房间压力梯度的控制，将污染物限制在隔离区域，保证医护人员安全。排风通过粗、中和高效三级过滤，用竖向排风管引至屋顶2m以上排放。

模块化建筑在全生命周期中，机械、电气、管道一体化、模块化。标准化模块和标准化接口的引入保留了后续功能拓展的可能性，使建筑具备了更强的适应性和可持续发展性。机电管线尤其适合模块化工厂制造、现场装配施工，重点在于要形成模块之间、模块与子模块之间、模块与大系统之间的通用接口，结合前述模块化结构系统和围护系统，考虑工厂内完成一体化装修，才能形成全国统一标准和可实现量产的应急医院产品模块（图5-5-11~图5-5-14）。

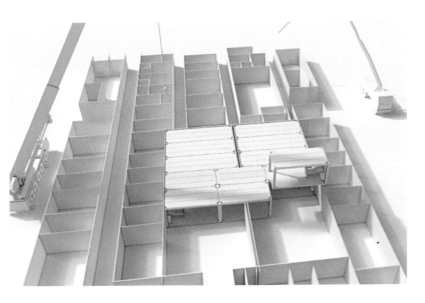

图5-5-8 若干单元
组成一个功能区

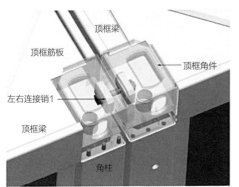

顶框梁
顶框筋板
顶框角件
左右连接销1
顶框梁
角柱

图5-5-9 模块结构
间连接节点

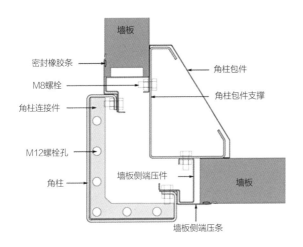

墙板
密封橡胶条
M8螺栓
角柱连接件
M12螺栓孔
角柱
墙板侧端压件
墙板
角柱包件
角柱包件支撑
墙板侧端压条

图5-5-10 角柱构
造图

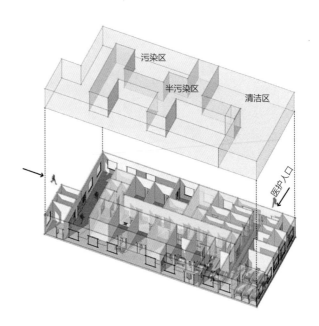

图5-5-11 洁净分区
示意图

图5-5-12 洁净分区
通风流向示意

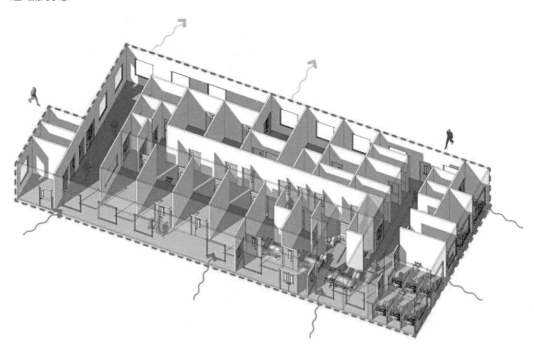

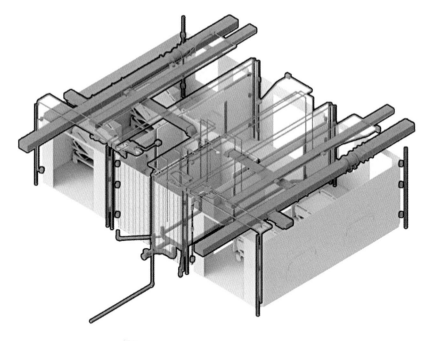

图5-5-13 标准病房
单元机电系统模块化

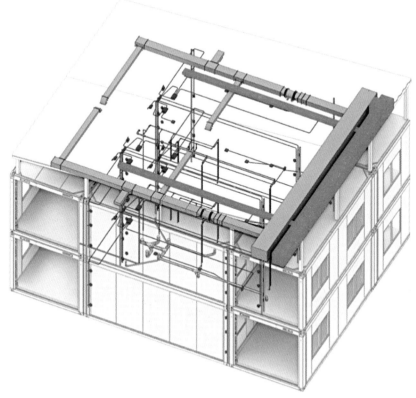

图5-5-14 两层模块
单元的机电系统模块化

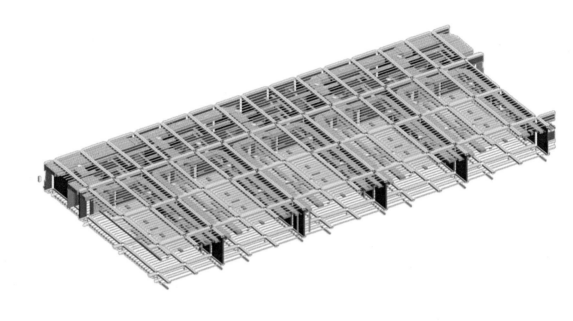

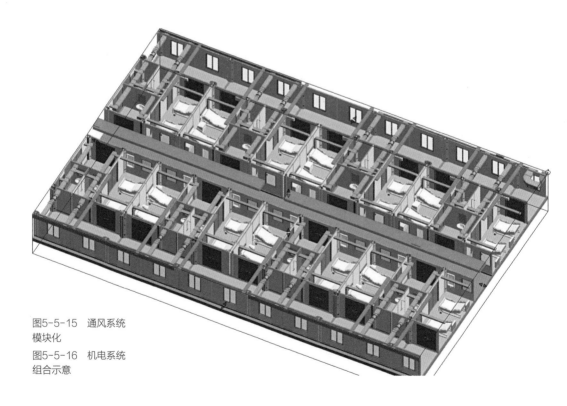

图5-5-15 通风系统
模块化

图5-5-16 机电系统
组合示意

模块集机电、给水排水、采暖系统于一体，标准模块设计时充分考虑了空调、热水设备、管线布置的合理性、隐蔽性、可修性（图5-5-15、图5-5-16）。电气管线以模块为单位，单独进行电路设置，在工厂穿管预埋，尾端预留一定长度用于现场模块间的连接。单个模块给水排水设计在单个模块内，给水排水管道设计布置于模块墙板或模块地板架空层内，预留接驳口，竖向给水排水管道集中在模块角柱位置，与角柱集成设计，上下层通过竖井连接。将整体式卫生间、模块化家具、综合化MEP体系等模块整合入应急病房模块。

7. 内装系统

本模块的吊顶、地板在工厂预先做好统一装饰，室内墙体采用装饰一体化板，将预先工厂生产好的自带装饰的模块组合后在拼缝处、节点处通过装饰件进行相应处理，形成整栋建筑的装饰体系，无需现场二次作业和额外的装饰，避免产生建筑垃圾，且节省时间。装饰装修的范围主要包括屋面、吊顶、墙板、门窗和地板（图5-5-17）。箱体内饰为箱体顶、底角柱及墙板等，安装完成后用于遮挡室内裸露结构。接线的踢脚及阴角装饰部分主要为PVC型材盖板，满足快速安装及拆除需求。对于一些机电设备管线，建议采用明装，便于安装和维修（图5-5-18）。

整体式卫生间预留相应的给水、热水、排水管道接口，给水系统配水管道接口的形式和位置便于检修（图5-5-19）。

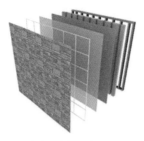

（a）模块式墙面板

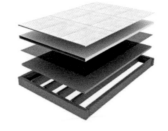

（b）模块式楼面板

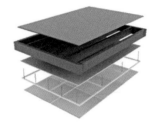

（c）模块式吊顶板

图5-5-17　模块装饰
装修系统由墙、顶、
地构成

图5-5-18　机电管线
明装效果

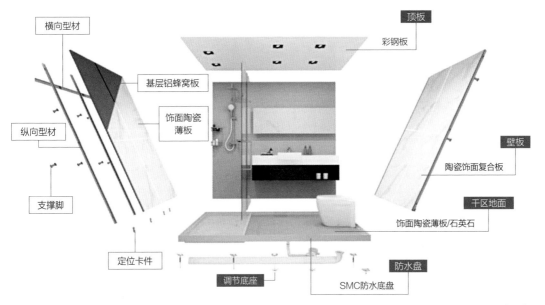

横向型材

顶板
彩钢板

基层铝蜂窝板

饰面陶瓷
薄板

纵向型材

壁板
陶瓷饰面复合板

支撑脚

干区地面
饰面陶瓷薄板/石英石

定位卡件

防水盘

调节底座
SMC防水底盘

图5-5-19 卫生间内
装系统构成

参考文献

［1］ 梁思成. 营造法式注释[M]. 北京：生活·读书·新知. 三联书店，2013.

［2］ 何继善，等. 工程管理论[M]. 北京：中国建筑工业出版社，2017：56-60.

［3］ 维特鲁威. 建筑十书[M]. 高履泰，译. 北京：知识产权出版社，2001.

［4］ 钱学森. 论宏观建筑与微观建筑[M]. 杭州：杭州出版社，2001.

［5］ 樊则森. 从设计到建成[M]. 北京：机械工业出版社，2017.

［6］ 斯蒂芬·基兰詹姆斯·廷伯莱克. 再造建筑[M]. 何清华，等，译. 北京：中国建筑工业出版社，2009.

［7］ 伦纳德R. 贝奇曼. 整合建筑[M]. 梁多林，译. 北京：机械工业出版社，2005.

［8］ 邵韦平. 凤凰中心数字建造技术应用[M]. 北京：中国建筑工业出版社，2019.

［9］ 毛志兵. 建筑工程新型建造方式[M]. 北京：中国建筑工业出版社，2018.

［10］叶浩文. 一体化建造——新型建造方式的探索和实践[M]. 北京：中国建筑工业出版社，2019.

图片来源：

图1-4-1：购自视觉中国网站

图1-4-2：BIAD邵韦平工作室供图

图1-4-3：摄影师 傅兴，BIAD邵韦平工作室供图

其余图片为作者团队绘制或拍摄，感谢李新伟、张玥、廖敏清、张恒博、王洪欣、芦静夫、方圆、王宁、李晓丽等。